Gnamien trazie jean-marie

Maximizar e transformar a sua agricultura

Gnamien trazie jean-marie

Maximizar e transformar a sua agricultura

Guia prático agrícola

ScienciaScripts

Imprint

Cover image: www.ingimage.com

This book is a translation from the original published under ISBN 978-620-6-71688-4.

Publisher:
Sciencia Scripts
is a trademark of
Dodo Books Indian Ocean Ltd. and OmniScriptum S.R.L publishing group

120 High Road, East Finchley, London, N2 9ED, United Kingdom
Str. Armeneasca 28/1, office 1, Chisinau MD-2012, Republic of Moldova, Europe
Printed at: see last page
ISBN: 978-620-7-91843-0

A- Transformação de alimentos

Capítulo 1: Introdução à transformação de alimentos

Panorâmica da importância da transformação de alimentos para acrescentar valor aos produtos agrícolas. Benefícios económicos e nutricionais.

Capítulo 2: Transformação em produtos lácteos

Explicação da transformação de produtos lácteos como o leite, o queijo, o iogurte e a manteiga. Técnicas e equipamentos necessários.

Capítulo 3: Transformação de cereais

Métodos de transformação dos cereais em farinha, pão, massas e outros produtos derivados. A importância da qualidade dos cereais e dos processos de moagem.

Capítulo 4: Transformação da cultura do açúcar

O processo de transformação da cana-de-açúcar e da beterraba sacarina em açúcar, melaço e outros produtos doces. Impacto na economia local.

Capítulo 5: Processamento de especiarias e ervas aromáticas

Técnicas de secagem, moagem e acondicionamento de especiarias e ervas aromáticas. Valor acrescentado e potencial de mercado.

Capítulo 6: Transformação de sementes oleaginosas

Processos de transformação de sementes oleaginosas como a soja, o girassol e a colza em óleos vegetais, margarina e outros subprodutos.

Capítulo 7: Transformação em cerveja e vinificação

Técnicas de fabrico de cerveja para a produção de cerveja e técnicas de vinificação para a produção de vinho. Equipamentos necessários e principais etapas do processo.

B- Transformação em produtos químicos

Capítulo 8: Introdução ao processamento químico

Apresentação das diferentes possibilidades de transformação química dos produtos agrícolas. A importância da inovação e da sustentabilidade.

Capítulo 9: Conversão para biocombustíveis

O processo de produção de biocombustíveis a partir de materiais agrícolas. Impacto ambiental e perspectivas económicas.

Capítulo 10: Transformação em produtos cosméticos

Técnicas de transformação de matérias agrícolas em produtos cosméticos, tais como cremes, loções e óleos essenciais. Mercado e regulamentação.

Capítulo 11: Transformação em produtos farmacêuticos

Transformação de produtos agrícolas em princípios activos farmacêuticos. A importância das normas de qualidade e de produção.

Capítulo 12: Conversão em biodiesel e bioetanol

Processos de produção de biodiesel e bioetanol a partir de culturas específicas. Aplicações e benefícios ambientais.

Capítulo 13: A transformação do amido

Métodos de transformação do amido em diferentes produtos industriais. Aplicações nos sectores alimentar e não alimentar.

Capítulo 14: Transformação por hidrólise enzimática

Utilização de enzimas para transformar materiais agrícolas em produtos químicos. Aplicações e benefícios da tecnologia enzimática.

Capítulo 15: Transformação em polimerização

Processo de polimerização de materiais agrícolas para a produção de bioplásticos e outros materiais. Inovações e aplicações.

Capítulo 16: Trans-esterificação

Técnicas de transesterificação para a produção de biodiesel e outros produtos. Processos químicos e equipamentos necessários.

Capítulo 17: Transformação em Química Verde

Princípios da química verde aplicados à transformação de produtos agrícolas. Sustentabilidade e respeito pelo ambiente.

Capítulo 18: Transformação em fibra

Produção de fibras naturais a partir de materiais agrícolas para aplicações têxteis e industriais. Técnicas e perspectivas de mercado.

C- Diferentes tipos de agricultura

Capítulo 19: Agricultura tradicional

Descrição dos métodos agrícolas tradicionais. Importância cultural e implicações económicas.

Capítulo 20: Agricultura intensiva

Práticas agrícolas intensivas. Vantagens e desvantagens em termos de produtividade e de impacto ambiental.

Capítulo 21: Agricultura biológica

Técnicas e princípios da agricultura biológica. Certificação e mercado de produtos biológicos.

Capítulo 22: Agricultura urbana

Desenvolvimento da agricultura urbana. Inovações, desafios e benefícios para as comunidades urbanas.

Capítulo 23: Agroflorestação

Combinação da agricultura e da silvicultura. Benefícios para a biodiversidade e a produtividade agrícola.

Capítulo 24: Agricultura de precisão

Utilização de tecnologias de ponta para otimizar a produção agrícola. Importância dos dados e da gestão exacta das culturas.

Capítulo 25: Agricultura de subsistência

Práticas agrícolas de subsistência. Papel na segurança alimentar das famílias rurais.

Capítulo 26: Agricultura de conservação

Métodos de conservação dos solos e dos recursos naturais na agricultura. Técnicas e benefícios ecológicos.

Capítulo 27: Agricultura em estufa

Práticas e tecnologias de cultivo em estufa. Vantagens para a produção intensiva e fora de época.

Capítulo 28: TIPOS DE AGRICULTURA

- COMO MAXIMIZAR A SUA COLHEITA

- TRANSFORMAÇÃO DE PRODUTOS AGRÍCOLAS

- CANAIS DE VENDA

Capítulo 29: Conclusão

Síntese dos principais pontos debatidos. Reflexões sobre o futuro da transformação agrícola e os tipos de agricultura para um futuro sustentável.

Produção sustentável e rentável.

Introdução

A agricultura sempre esteve no centro da sobrevivência e do desenvolvimento humano. Desde as primeiras civilizações, o homem tem procurado constantemente melhorar os seus métodos de cultivo e transformação de produtos agrícolas para satisfazer as suas necessidades alimentares e económicas. Foi neste contexto que me comprometi a escrever este guia prático, intitulado "Maximizar e transformar a sua agricultura: os diferentes tipos de transformação agrícola". O meu principal objetivo é fornecer aos agricultores, investigadores, estudantes e entusiastas da agricultura uma ferramenta abrangente e prática para tirar o máximo partido dos seus produtos agrícolas.

Este livro foi escrito por uma série de razões. Como agricultor apaixonado pelo desenvolvimento sustentável, tenho observado os desafios crescentes que os produtores agrícolas enfrentam: flutuação dos preços dos produtos de base, riscos climáticos, pressão demográfica e exigências crescentes em termos de qualidade e sustentabilidade dos produtos. Face a estes desafios, é crucial encontrar formas inovadoras e eficazes de maximizar a produção agrícola, garantindo simultaneamente a sustentabilidade e a rentabilidade das explorações agrícolas. A transformação de produtos agrícolas tem-se revelado uma resposta viável a estes desafios, permitindo não só prolongar o prazo de validade dos produtos, mas também diversificar as fontes de rendimento dos agricultores.

Este livro destina-se a todos os que querem transformar a sua abordagem à agricultura. Não se trata apenas de cultivar mais, mas de cultivar melhor e de tirar o máximo partido de cada produto colhido. A transformação agrícola, quer seja alimentar ou química, oferece uma multiplicidade de possibilidades para acrescentar valor aos produtos. Este guia prático levá-lo-á numa viagem de descoberta, explorando os diferentes métodos de transformação de produtos agrícolas. Encontrará explicações pormenorizadas sobre a transformação de alimentos, tais como a produção de produtos lácteos, a transformação de cereais e culturas açucareiras, e a transformação de especiarias, ervas aromáticas e sementes oleaginosas. Cada secção foi concebida para ser simultaneamente informativa e acessível, com descrições claras das técnicas e do equipamento necessário.

O livro também aborda a transformação química de produtos agrícolas, um domínio em rápido crescimento que oferece oportunidades incríveis de inovação e sustentabilidade. Irá descobrir como os materiais agrícolas podem ser convertidos em biocombustíveis, cosméticos, produtos farmacêuticos e muito mais. A tónica é colocada em processos amigos do ambiente, como a química verde e a polimerização, que desempenham um papel crucial no desenvolvimento de uma agricultura sustentável.

Mas este livro não se limita a mostrar-lhe como transformar os seus produtos agrícolas. Também explora os diferentes tipos de agricultura, desde a tradicional à intensiva, à biológica e à de precisão. Cada tipo de agricultura é apresentado com as suas vantagens, desafios e perspectivas, dando-lhe uma visão abrangente das práticas agrícolas modernas e inovadoras. Quer esteja interessado na agricultura urbana, na agro-silvicultura ou na agricultura em estufa, este livro fornecer-lhe-á os conhecimentos necessários para maximizar a sua produção, respeitando o ambiente.

Ao escrever este livro, quis oferecer aos leitores algo que não fosse apenas rico em informação, mas também inspirador. Quero que cada leitor sinta a necessidade e a urgência de transformar a sua prática agrícola, de ver as infinitas possibilidades que a transformação dos produtos agrícolas pode oferecer. Cada capítulo foi concebido para captar a sua atenção e fornecer-lhe as ferramentas necessárias para pôr em prática os conceitos apresentados. O meu estilo de escrita é dinâmico e envolvente, com o objetivo de tornar a leitura agradável e gratificante.

Imagine ser capaz de transformar uma simples colheita de milho numa gama diversificada de subprodutos: farinha, óleo, biocombustíveis e até bioplásticos. Pense nas possibilidades de acrescentar valor aos seus produtos lácteos, criando queijos e iogurtes de alta qualidade, ou desenvolvendo uma linha de cosméticos à base de óleos essenciais das suas próprias culturas. Os benefícios económicos são óbvios, mas para além disso, há a satisfação pessoal de contribuir para uma agricultura mais sustentável e inovadora.

O futuro da agricultura reside na nossa capacidade de inovar e transformar. Este livro é o seu guia para navegar nesta paisagem em constante mudança, fornecendo-lhe os conhecimentos e as ferramentas de que necessita para ter sucesso. Quer seja um agricultor que procura diversificar o seu rendimento, um estudante de agricultura que pretende aprender as mais recentes técnicas de transformação ou simplesmente um apaixonado pelo desenvolvimento sustentável, este guia prático é para si.

A transformação da agricultura não é apenas uma necessidade económica, é também uma oportunidade para reinventar a nossa relação com a terra e os seus recursos. Ao maximizar e transformar a nossa cultura agrícola, podemos criar um futuro em que todos os agricultores tenham a oportunidade de prosperar, em que os recursos naturais sejam utilizados de forma mais eficiente e em que as comunidades beneficiem de alimentos saudáveis e sustentáveis.

Este livro é um convite a explorar novas vias, a ultrapassar os limites do possível e a participar ativamente na revolução agrícola do século XXI. Juntos, podemos transformar não só as nossas culturas, mas também o nosso mundo.

Boa leitura e feliz transformação!

Capítulo 1: Introdução à transformação de alimentos

A transformação de alimentos é uma fase crucial da cadeia de valor agrícola. Desempenha um papel essencial no acréscimo de valor aos produtos agrícolas, prolongando o seu prazo de validade, melhorando a sua qualidade e diversificando as fontes de rendimento dos agricultores. Este capítulo apresenta uma visão geral da importância da transformação de alimentos, destacando os seus benefícios económicos e nutricionais.

A importância da transformação de alimentos

A transformação de alimentos é o processo de modificação de produtos agrícolas em bruto para criar produtos alimentares prontos a consumir ou ingredientes intermédios. Este processo pode incluir processos como a secagem, cozedura, fermentação, trituração e muitos outros. Mas porque é que é tão importante?

Aumento do valor acrescentado: A transformação de produtos agrícolas pode acrescentar valor a matérias-primas que são frequentemente subvalorizadas. Por exemplo, a transformação do leite em queijo ou iogurte pode aumentar consideravelmente o seu valor de mercado. Do mesmo modo, a transformação de fruta em compota ou sumo pode produzir produtos com maior valor acrescentado do que a fruta crua.

Prolongamento do prazo de validade: Os produtos agrícolas são frequentemente perecíveis. O processamento de alimentos pode prolongar o prazo de validade dos produtos, tornando-os menos susceptíveis de se estragarem. A secagem da fruta, por exemplo, pode prolongar o seu prazo de validade por vários meses. Da mesma forma, o enlatamento de legumes pode conservá-los durante anos.

Diversificação de produtos: A transformação de alimentos oferece a oportunidade de diversificar os produtos disponíveis no mercado. Isto pode incluir a criação de produtos alimentares adaptados a diferentes gostos e preferências culturais. Por exemplo, o trigo pode ser transformado em farinha e depois em pão, massas, biscoitos e muito mais.

Reduzir as perdas pós-colheita: Uma grande parte dos produtos agrícolas perde-se após a colheita devido à deterioração. A transformação reduz estas perdas através da estabilização dos produtos. Por exemplo, a transformação dos tomates em molho ou concentrado reduz as perdas devidas ao apodrecimento dos tomates frescos.

Criar empregos e estimular a economia local: A transformação de alimentos requer infra-estruturas e mão de obra especializadas, o que pode criar empregos e estimular a economia local. Podem ser instaladas pequenas unidades de transformação nas zonas rurais, criando oportunidades de emprego para as comunidades locais.

Benefícios económicos

A transformação de alimentos tem muitos benefícios económicos, não só para os agricultores, mas também para as comunidades locais e para a economia nacional.

Aumento do rendimento dos agricultores: Ao transformar os seus produtos agrícolas, os agricultores podem aumentar o seu rendimento. A venda de produtos transformados com maior valor acrescentado gera rendimentos adicionais. Por exemplo, um agricultor que transforme a sua fruta em compota pode vender estes produtos a um preço muito mais elevado do que a fruta fresca.

Estabilização dos preços: A transformação de alimentos ajuda a estabilizar o preço dos produtos agrícolas, reduzindo a dependência das flutuações sazonais. Ao transformar e armazenar os produtos, os agricultores podem vender os seus produtos transformados durante todo o ano, mesmo em períodos de baixa produção.

Criação de mercados locais e internacionais: Os produtos transformados podem ser vendidos nos mercados locais e internacionais, abrindo novas oportunidades de negócio para os agricultores. Por exemplo, as especiarias e as ervas secas podem ser exportadas para mercados internacionais, criando novas fontes de rendimento.

Incentivo à inovação e ao empreendedorismo: A transformação de alimentos incentiva a inovação e o empreendedorismo, permitindo que os agricultores e as pequenas empresas desenvolvam novos produtos e mercados. Isto pode incluir a criação de produtos alimentares biológicos, sem glúten ou enriquecidos com nutrientes.

Redução da dependência das importações: Ao transformar os produtos agrícolas a nível local, os países podem reduzir a sua dependência das importações de produtos alimentares transformados. Isto mantém o valor acrescentado na economia local e reduz o défice comercial.

Benefícios nutricionais

A transformação de alimentos pode também ter um impacto positivo na nutrição e na saúde dos consumidores. Eis alguns exemplos:

Melhoria da segurança alimentar: A transformação de alimentos prolonga o prazo de validade dos produtos, contribuindo assim para a segurança alimentar. Por exemplo, o enlatamento de legumes significa que os legumes nutritivos estão disponíveis durante todo o ano, mesmo em alturas de escassez.

Enriquecimento de produtos alimentares: A transformação permite que os produtos alimentares sejam enriquecidos através da adição de vitaminas, minerais e outros nutrientes essenciais. Por exemplo, o leite pode ser enriquecido com vitamina D e cálcio, que são benéficos para a saúde dos ossos.

Criação de produtos alimentares funcionais: Os produtos alimentares funcionais são produtos que oferecem benefícios para a saúde para além do seu valor nutricional básico. Por exemplo, os iogurtes probióticos contêm bactérias que são benéficas para a saúde digestiva. Estes produtos funcionais são criados através da transformação.

Redução dos resíduos alimentares: A transformação reduz os resíduos alimentares através da utilização de partes de plantas ou animais que, de outro modo, não seriam consumidas. Por exemplo, as cascas de fruta podem ser utilizadas para produzir compotas ou sumos, reduzindo assim o desperdício.

Acessibilidade dos alimentos: A transformação dos alimentos torna-os mais acessíveis, facilitando o seu transporte e armazenamento. Por exemplo, os legumes congelados podem ser armazenados durante meses, dando aos consumidores acesso a legumes nutritivos durante todo o ano.

Dicas para ter sucesso no processamento de alimentos

Para ter sucesso na transformação de alimentos, é importante seguir algumas boas práticas e concentrar-se em aspectos fundamentais. Eis algumas dicas para maximizar as suas hipóteses de sucesso:

Investir em formação e educação: É essencial formar-se e educar-se nas várias técnicas de processamento de alimentos. Participe em workshops, seminários e cursos de formação para adquirir as competências necessárias.

Utilizar equipamento de qualidade: Investir em equipamento de transformação de qualidade. Um equipamento fiável e eficiente é essencial para garantir a qualidade dos produtos transformados e aumentar a eficiência da produção.

Cumprir as normas de segurança alimentar: Certifique-se de que cumpre todas as normas de segurança alimentar ao processar produtos. A segurança alimentar é crucial para proteger a saúde dos consumidores e manter a confiança dos clientes.

Adotar práticas sustentáveis: Utilizar práticas de transformação sustentáveis que minimizem o impacto ambiental. Por exemplo, utilizar fontes de energia renováveis e reciclar os resíduos da produção.

Estudos de mercado: Antes de lançar um novo produto transformado, efectue estudos de mercado para compreender as necessidades e preferências dos consumidores. Isto ajudá-lo-á a desenvolver produtos que satisfaçam as expectativas do mercado.

Inovar constantemente: Esteja aberto à inovação e procure constantemente melhorar os seus produtos e processos de transformação. A inovação é essencial para se manter competitivo e para responder às mudanças no mercado.

Colaboração com especialistas: Trabalhe com especialistas em processamento de alimentos, nutricionistas e especialistas em marketing para melhorar a qualidade dos seus produtos e comercializá-los eficazmente.

Foco na qualidade: A qualidade deve ser uma prioridade absoluta no processamento de alimentos. Os produtos de alta qualidade são essenciais para fidelizar os clientes e criar uma boa reputação.

Diversificação dos produtos: diversificar a gama de produtos para responder a diferentes segmentos de mercado. Ofereça produtos para diferentes ocasiões de consumo e para diferentes grupos de consumidores.

Utilizar ingredientes locais: Utilizar ingredientes locais para a transformação dos alimentos. Isto apoia a economia local e reduz os custos de transporte e as emissões de gases com efeito de estufa.

Estudos de casos de sucesso

Para ilustrar a importância e os benefícios da transformação de alimentos, vejamos algumas histórias de sucesso notáveis:

Kwahu Dairy Cooperative, Gana: Esta cooperativa investiu em equipamento de transformação para produzir queijo e iogurte a partir do leite dos seus membros. Graças a estes produtos de valor acrescentado, os rendimentos dos agricultores aumentaram 40% e a cooperativa conseguiu criar postos de trabalho locais.

A fábrica de sumos de fruta de Koforidua, Costa do Marfim: Esta fábrica começou por transformar mangas e ananases em sumos e concentrados de fruta. Utilizando técnicas modernas de pasteurização e embalagem, a fábrica conseguiu penetrar nos mercados internacionais e exportar os seus produtos para a Europa e a América do Norte, gerando rendimentos substanciais para os produtores locais.

La Fabrique de Céréales d'Addis-Abeba, Etiópia: Esta fábrica transforma o teff, um cereal local, em farinha e massa. Ao acrescentar valor a este cereal nutritivo, a empresa não só contribuiu para a segurança alimentar local, como também conseguiu posicionar os seus produtos em nichos de mercado internacionais, atraindo consumidores preocupados com a saúde.

O Projeto Colombo Spice, Sri Lanka: Este projeto de transformação de especiarias permitiu aos agricultores secar, moer e embalar as suas especiarias de forma profissional. Ao melhorar a qualidade e a apresentação das especiarias, o projeto conseguiu obter acesso a mercados de alta qualidade e aumentar os rendimentos dos produtores.

Estes exemplos mostram como a transformação de alimentos pode ser uma forma eficaz de melhorar os rendimentos agrícolas, criar empregos e promover o desenvolvimento económico local. Ao adoptarem boas práticas e tirarem partido das oportunidades de mercado, os agricultores podem transformar os seus produtos de forma rentável e sustentável.

A transformação de alimentos é muito mais do que um simples processo industrial; é uma oportunidade para criar valor acrescentado, diversificar as fontes de rendimento e contribuir para a segurança alimentar e nutricional. Ao investirem em equipamento de qualidade, ao cumprirem as normas de segurança alimentar e ao adoptarem práticas sustentáveis, os agricultores podem transformar os seus produtos de forma eficiente e rentável. Estudos de casos de sucesso mostram que, com as estratégias correctas e um compromisso com a qualidade e a inovação, a transformação de alimentos pode ser uma via para um futuro agrícola mais próspero e sustentável.

Capítulo 2: Transformação em produtos lácteos

A transformação de produtos lácteos é um dos ramos mais antigos e diversificados da indústria alimentar. Não só prolonga o prazo de validade do leite, como também cria uma variedade impressionante de produtos, cada um com os seus próprios benefícios nutricionais e económicos. Este capítulo explora em pormenor a transformação de produtos lácteos como o leite, o queijo, o iogurte e a manteiga, fornecendo explicações claras sobre as técnicas e o equipamento envolvidos.

A importância do processamento de produtos lácteos

A transformação dos produtos lácteos apresenta numerosas vantagens. Permite diversificar a gama de produtos oferecidos, melhorar a rentabilidade das explorações leiteiras e responder às necessidades nutricionais das diferentes populações. Desempenha também um papel crucial na segurança alimentar, estabilizando e prolongando o prazo de validade dos produtos lácteos.

Valor acrescentado: A transformação do leite em produtos de maior valor acrescentado, como o queijo e o iogurte, permite aos agricultores maximizar os seus rendimentos. Por exemplo, um litro de leite custa muito menos do que um quilograma de queijo ou uma dúzia de potes de iogurte.

Prolongar o prazo de validade: O leite fresco é um produto perecível que deve ser consumido rapidamente. Ao transformá-lo em produtos como o queijo, a manteiga ou o leite em pó, o seu prazo de validade pode ser prolongado por várias semanas, meses ou mesmo anos.

Diversificação de produtos: A transformação torna possível criar uma variedade de produtos lácteos para satisfazer diferentes gostos e necessidades nutricionais. Por exemplo, alguns consumidores preferem iogurte simples, enquanto outros optam por iogurtes aromatizados ou enriquecidos com probióticos.

Nutrição melhorada: Os produtos lácteos processados podem ser fortificados com vitaminas e minerais, melhorando o seu valor nutricional. Por exemplo, o leite pode ser enriquecido com vitamina D e cálcio, que são benéficos para a saúde dos ossos.

Processo de transformação de produtos lácteos

A transformação dos produtos lácteos envolve várias etapas fundamentais, cada uma delas exigindo técnicas específicas e equipamentos adaptados. Aqui está uma visão geral dos principais produtos lácteos processados e os processos de transformação associados:

Transformar o leite em queijo

O queijo é um dos produtos lácteos mais antigos e mais diversificados. A sua produção envolve várias fases, cada uma das quais desempenha um papel crucial no desenvolvimento da textura, do sabor e do prazo de validade do produto final.

Pasteurização: O primeiro passo na produção de queijo é pasteurizar o leite para eliminar as bactérias patogénicas. O leite é aquecido a uma temperatura precisa durante um determinado período de tempo, sendo depois rapidamente arrefecido.

Coagulação: Uma vez pasteurizado, o leite é coagulado com coalho ou culturas bacterianas específicas. Este processo transforma o leite numa massa sólida chamada coalhada.

Escorrimento: A coalhada é então cortada em pequenos pedaços para ajudar a remover o soro. Esta fase é crucial para determinar a textura do queijo. Um escorrimento mais longo produzirá um queijo mais firme.

Moldagem e prensagem: A coalhada escorrida é colocada em moldes e prensada para remover o soro restante. Esta fase dá ao queijo a sua forma final.

Salga: O queijo é salgado para melhorar o seu sabor e conservação. A salga pode ser efectuada à superfície ou por imersão em salmoura.

Maturação: O queijo é então curado durante um período que varia consoante o tipo de queijo. A maturação permite desenvolver os sabores e a textura característicos do queijo.

Transformação do leite em iogurte

O iogurte é um produto lácteo fermentado apreciado pela sua textura cremosa e pelos seus benefícios probióticos. A produção é relativamente simples e pode ser efectuada em pequena escala.

Pasteurização: Tal como acontece com o queijo, o leite utilizado para fazer iogurte é pasteurizado para eliminar as bactérias indesejáveis.

Inoculação: Uma vez pasteurizado e arrefecido, o leite é inoculado com culturas bacterianas específicas, principalmente Lactobacillus bulgaricus e Streptococcus thermophilus. Estas bactérias fermentam a lactose, produzindo ácido lático.

Incubação: O leite inoculado é mantido a uma temperatura constante (normalmente cerca de 43°C) durante várias horas. Esta fase permite que as bactérias fermentem o leite, engrossando o produto e desenvolvendo o sabor caraterístico do iogurte.

Arrefecimento e acondicionamento: Uma vez terminada a fermentação, o iogurte é rapidamente arrefecido para parar a fermentação e estabilizar o produto. Em seguida, é embalado em potes ou garrafas.

Transformar o leite em manteiga

A manteiga é um produto lácteo obtido através da separação da gordura do leite. A sua produção envolve várias fases de transformação.

Desnatação: O leite é desnatado para separar a nata do soro. Esta operação pode ser efectuada por centrifugação ou por gravidade.

Pasteurização: O creme é pasteurizado para eliminar as bactérias patogénicas. Esta fase é crucial para garantir a segurança do produto final.

Batedura: A nata pasteurizada é batida para separar a gordura do leitelho. Esta operação transforma a nata líquida numa massa sólida chamada manteiga.

Lavagem e amassadura: A manteiga é lavada para eliminar os resíduos de leitelho e amassada para obter uma textura homogénea. A amassadura permite igualmente a incorporação de sal, se necessário.

Embalagem: A manteiga é depois embalada em blocos, tabuleiros ou rolos e refrigerada para prolongar o seu prazo de validade.

Técnicas e equipamentos necessários

A transformação de produtos lácteos requer técnicas e equipamentos específicos adaptados a cada tipo de produto. Segue-se uma lista de equipamentos habitualmente utilizados na transformação de produtos lácteos:

Pasteurizadores: Este equipamento é utilizado para aquecer o leite a temperaturas precisas, a fim de eliminar as bactérias patogénicas. Estão disponíveis numa série de modelos, desde pasteurizadores de placas a pasteurizadores tubulares.

Tanques de fermentação: Utilizados para a produção de iogurte, estes tanques mantêm o leite a uma temperatura constante durante o processo de fermentação. Estão geralmente equipadas com sistemas de controlo da temperatura e da agitação.

Batedeiras: As batedeiras são utilizadas para a produção de manteiga. Separam a gordura do leitelho por agitação. As batedeiras modernas podem ser programadas para controlar a velocidade e a duração da batedura.

Moldes e prensas: Utilizados na produção de queijo, os moldes dão ao queijo a sua forma final, enquanto as prensas removem o soro restante. As prensas podem ser manuais ou automáticas.

Incubadoras: São utilizadas para manter as culturas bacterianas a uma temperatura óptima durante a fermentação do iogurte. Estão frequentemente equipadas com sistemas de controlo da temperatura e da humidade.

Separadores de nata: Utilizados para desnatar o leite, estes aparelhos separam a nata do soro por centrifugação. Estão disponíveis numa gama de modelos, desde pequenos separadores manuais a grandes centrífugas industriais.

Equipamento de embalagem: Este equipamento é utilizado para embalar produtos lácteos transformados. Incluem máquinas de enchimento, etiquetadoras e embaladoras.

Dicas práticas para o processamento bem-sucedido de produtos lácteos

Para ter sucesso na transformação de produtos lácteos, é importante seguir certas boas práticas e concentrar-se em aspectos fundamentais. Eis algumas dicas para maximizar as suas hipóteses de sucesso:

Investir na formação e na educação: É essencial formar-se e educar-se nas várias técnicas de transformação dos produtos lácteos. Participe em workshops, seminários e cursos de formação para adquirir as competências necessárias.

Utilizar ingredientes de qualidade: A qualidade dos produtos transformados depende em grande medida da qualidade dos ingredientes utilizados. Utilize leite fresco e de alta qualidade para obter produtos acabados de alta qualidade.

Cumprir as normas de segurança alimentar: Certifique-se de que cumpre todas as normas de segurança alimentar ao processar produtos lácteos. A segurança alimentar é crucial para proteger a saúde dos consumidores e manter a confiança dos clientes.

Adotar práticas sustentáveis: Utilizar práticas de transformação sustentáveis que minimizem o impacto ambiental. Por exemplo, reciclar os resíduos da produção e utilizar fontes de energia renováveis.

Estudos de mercado: Antes de lançar um novo produto transformado, efectue estudos de mercado para compreender as necessidades e preferências dos consumidores. Isto ajudá-lo-á a desenvolver produtos que satisfaçam as expectativas do mercado.

Inovar constantemente: Esteja aberto à inovação e procure constantemente melhorar os seus produtos e processos de transformação. A inovação é essencial para se manter competitivo e para responder às mudanças no mercado.

Colaboração com especialistas: Trabalhe com especialistas em processamento de lacticínios, nutricionistas e especialistas em marketing para melhorar a qualidade dos seus produtos e comercializá-los eficazmente.

Foco na qualidade: A qualidade deve ser uma prioridade absoluta no processamento de produtos lácteos. Produtos de alta qualidade são essenciais para a fidelização dos clientes e para uma boa reputação.

Diversificação dos produtos: diversificar a gama de produtos para responder a diferentes segmentos de mercado. Ofereça produtos para diferentes ocasiões de consumo e para diferentes grupos de consumidores.

Utilizar tecnologias modernas: Investir em tecnologias modernas para melhorar a eficiência e a qualidade do processamento. O equipamento moderno permite processos mais precisos e eficientes.

Estudos de casos de sucesso

Para ilustrar as possibilidades oferecidas pela transformação de produtos lácteos, vejamos algumas histórias de sucesso notáveis:

La Fromagerie Artisanale de Beaufort, França: Esta pequena queijaria tornou-se conhecida pela produção de queijos de alta qualidade a partir de leite de vaca local. Utilizando técnicas tradicionais e investindo em equipamento moderno, a queijaria conseguiu aumentar a produção mantendo uma qualidade excecional. Atualmente, os seus queijos são vendidos em toda a Europa.

A Fábrica de Iogurte de Reiquiavique, Islândia: Esta fábrica começou por produzir iogurte skyr, uma especialidade islandesa. Utilizando culturas bacterianas específicas e optimizando o processo de fermentação, a fábrica conseguiu produzir um iogurte rico em proteínas que é apreciado pela sua textura espessa. Graças a uma estratégia de marketing eficaz, o skyr é atualmente exportado para muitos países e tornou-se um produto emblemático para a indústria de lacticínios islandesa.

La Coopérative Laitière de Fès, Marrocos: Esta cooperativa investiu na transformação do leite em manteiga e queijo fresco. Utilizando métodos de produção sustentáveis e cumprindo as normas de segurança alimentar, a cooperativa conseguiu aumentar o rendimento dos seus membros, fornecendo simultaneamente produtos lácteos de qualidade aos mercados locais. A cooperativa também criou programas de formação para os seus membros, melhorando as suas competências e capacidade de produzir produtos de qualidade.

Projeto de transformação de produtos lácteos em Pune, Índia: Este projeto permitiu que as mulheres rurais se juntassem para transformar o leite em iogurte, queijo e manteiga. Ao fornecer equipamento de transformação e formação, o projeto contribuiu para a capacitação económica das mulheres e melhorou a segurança alimentar local. Os produtos transformados são vendidos nos mercados locais e nas grandes cidades, gerando rendimentos adicionais para as famílias rurais.

Estes exemplos mostram como o processamento de produtos lácteos pode ser uma forma eficaz de melhorar os rendimentos agrícolas, criar empregos e promover o desenvolvimento económico local. Ao adotar boas práticas e aproveitar as oportunidades de mercado, os produtores podem processar seus produtos lácteos de forma lucrativa e sustentável.

Capítulo 3: Transformação de cereais

O processamento de cereais é um pilar fundamental da indústria alimentar mundial. Os cereais, como o trigo, o milho, o arroz, a cevada, o centeio e a aveia, são os ingredientes básicos para uma grande variedade de produtos alimentares. Este capítulo explora em pormenor a forma como os cereais são transformados em farinha, pão, massas e outros produtos derivados. Destaca também a importância da qualidade dos cereais e dos processos de moagem na obtenção de produtos finais de elevada qualidade.

A importância dos cereais na alimentação

Os cereais têm desempenhado um papel central na dieta humana desde há milhares de anos. São uma fonte essencial de hidratos de carbono, fibras, vitaminas e minerais. Ao transformá-los, podemos diversificar as nossas dietas e satisfazer as necessidades nutricionais de diferentes populações. Eis porque é que o processamento de cereais é tão crucial:

Diversidade alimentar: Os cereais são transformados para produzir uma variedade de produtos alimentares, desde a farinha ao pão, massas, biscoitos e cereais de pequeno-almoço. Esta diversidade ajuda a enriquecer a dieta quotidiana e a satisfazer as preferências de gosto dos consumidores.

Prazo de validade alargado: Os cereais transformados, como a farinha e as massas, têm um prazo de validade mais longo do que os cereais integrais, o que facilita o seu armazenamento e transporte. Este facto contribui para a segurança alimentar ao garantir a disponibilidade contínua de produtos alimentares básicos.

Melhor digestibilidade: A transformação dos cereais melhora a sua digestibilidade e biodisponibilidade. Por exemplo, a moagem e a cozedura dos cereais decompõem os componentes complexos, tornando os nutrientes mais acessíveis ao organismo.

Criação de valor acrescentado: A transformação de cereais acrescenta valor aos cereais em bruto, oferecendo aos agricultores e às empresas oportunidades de rendimento adicionais. Por exemplo, a venda de farinha ou de produtos derivados é geralmente mais lucrativa do que a venda de cereais não transformados.

Métodos de processamento de cereais

Existem várias fases na transformação dos cereais, cada uma das quais é essencial para obter produtos de alta qualidade. Eis as principais formas de transformação dos cereais em farinha, pão, massas e outros produtos derivados:

Moagem de cereais

A moagem é o processo de transformação dos grãos de cereais em farinha. Este processo envolve várias fases, cada uma das quais desempenha um papel crucial na qualidade da farinha produzida.

Limpeza e preparação: Antes da moagem, os grãos de cereais devem ser cuidadosamente limpos para remover impurezas como pedras, pó e resíduos vegetais. Esta etapa é crucial para garantir a pureza da farinha.

Moagem: Os grãos limpos são depois moídos com mós ou moinhos de rolos. A moagem reduz os grãos a partículas mais finas, facilitando a sua transformação em farinha.

Peneiração: Após a moagem, a farinha é peneirada para separar as diferentes fracções. A peneiração produz farinhas com diferentes texturas, como a farinha branca, a farinha integral e a farinha de sêmola.

Enriquecimento: Nalguns casos, a farinha pode ser enriquecida com vitaminas e minerais para melhorar o seu valor nutricional. Por exemplo, a farinha de trigo pode ser enriquecida com ferro e ácido fólico.

A transformação da farinha em pão

O pão é um dos produtos mais comuns fabricados a partir da farinha. O fabrico do pão implica várias etapas essenciais:

Preparação da massa: A farinha é misturada com água, fermento, sal e outros ingredientes para formar uma massa. A levedura é um ingrediente-chave que permite que a massa fermente.

Amassar: A massa é amassada para desenvolver o glúten, uma proteína que dá ao pão a sua estrutura e elasticidade. A amassadura pode ser efectuada à mão ou através de amassadeiras mecânicas.

Fermentação: A massa amassada é deixada a fermentar durante um determinado período de tempo. A fermentação permite que a levedura produza dióxido de carbono, fazendo a massa crescer e melhorando a textura do pão.

Moldagem: Após a fermentação, a massa é moldada em pães ou baguetes. Esta fase dá ao pão a sua forma final.

Cozedura: O pão moldado é depois cozido num forno a temperaturas específicas. A cozedura fixa a estrutura do pão e desenvolve a sua côdea e os seus aromas.

Transformar farinha em massa

A massa é outro subproduto popular da farinha. O fabrico de massas envolve várias fases:

Amassar a massa: A farinha de sêmola de trigo duro é misturada com água para formar uma massa. Ao contrário do pão, não é necessário fermento para fazer massa.

Enrolamento e extrusão: A massa é enrolada em folhas ou extrudida através de moldes para formar diferentes formas de massa, como esparguete, macarrão e lasanha.

Secagem: A massa fresca é seca para prolongar o seu prazo de validade. A secagem pode ser efectuada ao ar livre ou em secadores industriais.

Embalagem: As massas secas são embaladas em pacotes ou latas para venda. A embalagem protege a massa da humidade e dos contaminantes.

Outros derivados de cereais

Para além da farinha, do pão e da massa, os cereais podem ser transformados numa série de outros produtos alimentares:

Cereais de pequeno-almoço: Os grãos de cereais podem ser transformados em flocos, grânulos ou extrudados para criar cereais de pequeno-almoço. Estes produtos podem ser enriquecidos com vitaminas e minerais e aromatizados para agradar aos consumidores.

Bolachas e bolos: A farinha de cereais é também utilizada para fazer bolachas, bolos e pastelaria. Estes produtos requerem técnicas de cozedura específicas e ingredientes adicionais como o açúcar, os ovos e os levedantes.

Snacks e bolachas: Os cereais podem ser transformados em snacks e bolachas por extrusão, cozedura ou fritura. Estes produtos são frequentemente temperados e aromatizados para satisfazer as preferências dos consumidores.

Produtos de panificação: Para além do pão, os produtos de panificação incluem brioches, croissants, muffins e outros produtos de pastelaria. A transformação da farinha nestes produtos exige técnicas específicas de cozedura e de fermentação.

A importância da qualidade dos grãos

A qualidade dos grãos de cereais é essencial para garantir a qualidade dos produtos transformados. Vários factores influenciam a qualidade dos cereais:

Variedade de cereais: A variedade de cereais utilizada influencia a qualidade da farinha e dos produtos derivados. Por exemplo, o trigo duro é preferido para o fabrico de massas devido ao seu elevado teor de proteínas e glúten.

Condições de cultivo: As condições de cultivo, como o clima, o solo e as práticas agrícolas, afectam a qualidade do grão. Práticas agrícolas sustentáveis e uma gestão adequada das culturas garantem grãos de alta qualidade.

Colheita e armazenagem: A forma como os cereais são colhidos e armazenados influencia a sua qualidade. Os grãos devem ser colhidos no momento certo e armazenados em condições óptimas para evitar a deterioração e a infestação.

Limpeza e preparação: Antes do processamento, os grãos devem ser cuidadosamente limpos para remover as impurezas. Este passo é crucial para obter produtos acabados de alta qualidade.

Conselhos práticos para um processamento de cereais bem sucedido

Para ter êxito na transformação de cereais, é importante seguir certas boas práticas e concentrar-se em aspectos fundamentais. Eis algumas dicas para maximizar as suas hipóteses de sucesso:

Investir em equipamento de qualidade: Utilizar equipamento de moagem e de transformação de alta qualidade. Moinhos bem calibrados e máquinas de cozedura eficientes são essenciais para garantir a qualidade dos produtos transformados.

Utilizar grãos de alta qualidade: A qualidade dos grãos de cereais tem um impacto direto na qualidade dos produtos acabados. Escolha variedades de cereais adaptadas à transformação pretendida e certifique-se de que os grãos estão limpos e bem conservados.

Cumprir as normas de segurança alimentar: Certifique-se de que cumpre todas as normas de segurança alimentar ao processar cereais. A segurança alimentar é crucial para proteger a saúde dos consumidores e manter a confiança dos clientes.

Adotar práticas sustentáveis: Utilizar práticas de transformação sustentáveis que minimizem o impacto ambiental. Por exemplo, reciclar os subprodutos da moagem e utilizar fontes de energia renováveis.

Estudos de mercado: Antes de lançar um novo produto transformado, efectue estudos de mercado para compreender as necessidades e preferências dos consumidores. Isto ajudá-lo-á a desenvolver produtos que satisfaçam as expectativas do mercado.

Inovar constantemente: Esteja aberto à inovação e procure constantemente melhorar os seus produtos e processos de transformação. A inovação é essencial para se manter competitivo e para responder às mudanças no mercado.

Colaboração com especialistas: Trabalhe com especialistas em processamento de cereais, nutricionistas e especialistas em marketing para melhorar a qualidade dos seus produtos e comercializá-los eficazmente.

Foco na qualidade: A qualidade deve ser uma prioridade absoluta no processamento de cereais. Os produtos de alta qualidade são essenciais para a fidelização dos clientes e para uma boa reputação.

Diversificação dos produtos: diversificar a gama de produtos para responder a diferentes segmentos do mercado. Ofereça produtos para diferentes ocasiões de consumo e para diferentes grupos de consumidores.

Utilizar tecnologias modernas: Investir em tecnologias modernas para melhorar a eficiência e a qualidade do processamento. O equipamento moderno permite processos mais precisos e eficientes.

Estudos de casos de sucesso

Para ilustrar as possibilidades oferecidas pela transformação de cereais, vejamos alguns casos de sucesso notáveis:

La Minoterie de Talavera, Espanha: Este moinho de farinha de gestão familiar combinou tradição e modernidade para produzir farinhas de alta qualidade. Ao utilizar grãos locais cuidadosamente seleccionados e ao investir em equipamento de moagem moderno, o moinho conseguiu distinguir-se no mercado. Produz uma gama diversificada de farinhas para padarias de pequena escala e industriais, satisfazendo as necessidades tanto dos padeiros locais como das grandes cadeias de retalho.

A Fábrica de Massas de Parma, Itália: Esta fábrica de massas é famosa pela qualidade dos seus produtos, feitos a partir de sêmola de trigo duro de alta qualidade. Utilizando métodos de produção tradicionais combinados com tecnologia de ponta, a fábrica conseguiu produzir massas com texturas e sabores autênticos. A massa de Parma é exportada para todo o mundo, o que atesta a reputação e a excelência da fábrica.

The Biscuit Factory em Milton Keynes, Reino Unido: Esta inovadora fábrica de biscoitos utiliza grãos antigos e ingredientes naturais para produzir biscoitos nutritivos e saborosos. Ao trabalhar com agricultores locais para obter grãos de alta qualidade, a fábrica tem sido capaz de responder à crescente procura dos consumidores por produtos saudáveis e éticos. Os biscoitos de Milton Keynes tornaram-se uma escolha popular nos supermercados e nas lojas de produtos biológicos.

O Projeto de Transformação de Cereais de Kaduna, Nigéria: Este projeto de base comunitária transformou cereais locais em farinha, pão e snacks para os mercados locais e regionais. Ao fornecer equipamento de transformação e formação aos agricultores, o projeto melhorou a segurança alimentar e o rendimento das famílias rurais. Os produtos transformados são vendidos nos mercados locais e nas grandes cidades, gerando rendimentos adicionais para as famílias rurais e contribuindo para a estabilidade económica da região.

Estes exemplos mostram como a transformação de cereais pode ser uma forma eficaz de melhorar os rendimentos agrícolas, criar empregos e promover o desenvolvimento económico local. Ao adoptarem boas práticas e tirarem partido das oportunidades de mercado, os agricultores podem transformar os seus produtos cerealíferos de forma rentável e sustentável.

Capítulo 4: Transformação da cultura do açúcar

A transformação de culturas açucareiras, como a cana-de-açúcar e a beterraba sacarina, em açúcar, melaço e outros produtos doces é uma indústria de grande importância económica e social. Este capítulo explora em profundidade os processos envolvidos na transformação destas culturas açucareiras, as técnicas e o equipamento necessários e o impacto económico e social nas comunidades locais.

Importância das culturas açucareiras

As culturas açucareiras desempenham um papel vital nas economias de muitos países tropicais e temperados. A cana-de-açúcar e a beterraba sacarina são as principais fontes de açúcar, um ingrediente essencial na dieta humana e um componente-chave de muitos produtos alimentares e industriais. Eis algumas das razões pelas quais as culturas açucareiras são cruciais:

Fonte de rendimento: A produção e a transformação da cana-de-açúcar e da beterraba sacarina geram rendimentos significativos para os agricultores e as indústrias locais. O açúcar é um produto de grande consumo, garantindo uma procura constante.

Criação de emprego: A indústria açucareira cria postos de trabalho em várias fases da cadeia de valor, desde o cultivo e colheita das plantas de açúcar até à transformação e distribuição dos produtos acabados.

Diversificação de produtos: As culturas açucareiras podem ser transformadas numa variedade de produtos, incluindo açúcar, melaço, xarope, etanol e até produtos alimentares e cosméticos, diversificando assim as fontes de rendimento.

Impacto económico: A transformação das culturas açucareiras tem um impacto significativo na economia local, estimulando o desenvolvimento industrial, as infra-estruturas e o comércio nas regiões produtoras.

Processo de transformação da cana-de-açúcar

A cana-de-açúcar é uma planta tropical cultivada principalmente pelo seu elevado teor de sacarose. A transformação da cana-de-açúcar em açúcar e noutros produtos doces envolve várias fases complexas, cada uma delas exigindo técnicas específicas e equipamento adaptado.

Colheita e preparação da cana-de-açúcar

Colheita: A cana-de-açúcar pode ser colhida manual ou mecanicamente. Os caules da cana são cortados na base e transportados para a fábrica de processamento.

Limpeza e preparação: Os caules da cana são limpos para eliminar as impurezas, como as folhas, a terra e os detritos. Em seguida, são cortados em pedaços mais pequenos para facilitar a extração do sumo.

Extração de sumo

Trituração: Os pedaços de cana são triturados em moinhos de cana para extrair o sumo doce. Esta operação separa o sumo do resíduo fibroso conhecido como bagaço.

Clarificação: O sumo extraído é clarificado para remover as impurezas. São adicionados agentes clarificantes, como a cal ou o sulfato de alumínio, para precipitar as impurezas, que são depois filtradas.

Evaporação e cristalização

Evaporação: O sumo clarificado é concentrado por evaporação em evaporadores a vácuo. Esta fase reduz o teor de água do sumo, transformando-o num xarope espesso.

Cristalização: O xarope concentrado é depois cristalizado em fornos de vácuo. O açúcar cristaliza-se no xarope, formando cristais de açúcar bruto.

Separação e refinação

Centrifugação: Os cristais de açúcar são separados do xarope residual por centrifugação. O xarope restante, conhecido como melaço, pode ser utilizado para produzir outros produtos.

Refinação: O açúcar bruto pode ser refinado para produzir açúcar branco refinado. Esta fase inclui a lavagem, a dissolução, a filtragem e a recristalização do açúcar para obter um produto puro e branco.

Processo de transformação da beterraba sacarina

A beterraba sacarina é uma cultura de clima temperado cultivada pelo seu elevado teor de sacarose. O processo de transformação da beterraba sacarina em açúcar é semelhante ao da cana-de-açúcar, mas com algumas diferenças específicas.

Colheita e preparação da beterraba sacarina

Colheita: A beterraba é colhida mecanicamente com máquinas que arrancam as raízes do solo e as limpam grosseiramente.

Limpeza e preparação: A beterraba é lavada para remover a terra e os detritos e depois cortada em tiras finas, chamadas cossetes, para facilitar a extração do sumo.

Extração e difusão

Difusão: As cossetes são imersas em água quente em difusores para extrair o sumo doce por osmose. Este processo é mais eficaz para a beterraba do que o esmagamento utilizado para a cana.

Clarificação: O sumo extraído é clarificado para remover as impurezas da mesma forma que o sumo de cana.

Evaporação e cristalização

Evaporação: O sumo clarificado é concentrado por evaporação para formar um xarope espesso.

Cristalização: O xarope concentrado é cristalizado para formar cristais de açúcar bruto, que são depois separados por centrifugação.

Refinação

Refinação: O açúcar bruto de beterraba é refinado de forma semelhante ao açúcar de cana, passando por fases de lavagem, dissolução, filtragem e recristalização.

Subprodutos da cultura do açúcar

Para além do açúcar, o processamento da cana-de-açúcar e da beterraba sacarina produz uma variedade de subprodutos e derivados que são economicamente importantes.

Melaço

O melaço é o xarope residual que resta após a cristalização do açúcar. É rico em minerais e em açúcar não cristalizável. O melaço pode ser utilizado de várias formas:

Alimentação animal: O melaço é frequentemente utilizado como suplemento alimentar para o gado devido ao seu elevado teor energético.

Fermentação: O melaço é uma importante matéria-prima para a produção de etanol por fermentação, utilizado como biocombustível ou na indústria de bebidas alcoólicas.

Produtos alimentares: O melaço é utilizado como ingrediente no fabrico de certos alimentos e bebidas, como pão de gengibre, xaropes e molhos.

Bagaço

O bagaço é o resíduo fibroso que resta após a extração do sumo da cana-de-açúcar. Tem várias utilizações industriais:

Biocombustível: O bagaço é utilizado como biocombustível para produzir energia nas fábricas de processamento de cana-de-açúcar. Também pode ser queimado para gerar vapor e eletricidade.

Fabrico de papel: O bagaço é também utilizado como matéria-prima no fabrico de papel e cartão, constituindo uma alternativa sustentável à madeira.

Materiais de construção: O bagaço pode ser convertido em materiais de construção, tais como aglomerados de partículas e painéis de isolamento.

Etanol

O etanol pode ser produzido a partir da fermentação do melaço ou do sumo de cana. Tem várias aplicações importantes:

Biocombustível : O etanol é utilizado como biocombustível para veículos, reduzindo a dependência dos combustíveis fósseis e as emissões de gases com efeito de estufa.

Indústria química: O etanol é um solvente importante nas indústrias química e farmacêutica, utilizado no fabrico de vários produtos.

Bebidas alcoólicas: O etanol é também utilizado na produção de bebidas alcoólicas, como o rum e a vodka.

Impacto económico e social

A transformação das culturas açucareiras tem um impacto significativo na economia e na sociedade das regiões produtoras. Eis alguns dos principais impactos económicos e sociais:

Criação de emprego: A indústria do açúcar cria emprego em várias fases da cadeia de valor, desde o cultivo e a colheita até à transformação e distribuição. Este facto ajuda a reduzir a pobreza e a melhorar as condições de vida das comunidades locais.

Desenvolvimento industrial: A transformação das culturas açucareiras estimula o desenvolvimento industrial, incentivando a instalação de unidades de transformação, infra-estruturas de transporte e serviços conexos. Isto gera investimentos e oportunidades de crescimento económico.

Estabilidade dos rendimentos: A diversificação dos produtos derivados das culturas açucareiras permite aos agricultores e às empresas estabilizarem os seus rendimentos, reduzindo a sua dependência de uma única fonte de rendimento. Os subprodutos como o melaço, o bagaço e o etanol oferecem oportunidades de rendimento adicionais.

Apoio às comunidades rurais: A indústria açucareira desempenha um papel crucial no apoio às comunidades rurais, proporcionando empregos, infra-estruturas e serviços essenciais. Contribui igualmente para a segurança alimentar, garantindo um abastecimento constante de produtos do sector do açúcar.

Ambiente e sustentabilidade: A transformação das culturas açucareiras pode ter impactos ambientais positivos ao promover a utilização de subprodutos como fontes de energia renováveis. No entanto, também requer uma gestão responsável para minimizar os impactos negativos, como a desflorestação e a poluição da água.

Conselhos práticos para uma transformação bem sucedida da cultura do açúcar

Para ter êxito na transformação das culturas açucareiras, é importante seguir certas boas práticas e concentrar-se em aspectos fundamentais. Eis algumas dicas para maximizar as suas hipóteses de sucesso:

Investir em equipamentos modernos: Utilizar equipamentos de transformação modernos e de alta qualidade. Moinhos de cana eficientes, evaporadores e centrífugas bem calibrados são essenciais para garantir a qualidade dos produtos transformados.

Utilizar matérias-primas de qualidade: A qualidade das matérias-primas tem um impacto direto na qualidade dos produtos acabados. Certifique-se de que a cana-de-açúcar e a beterraba sacarina são colhidas na altura certa e estão isentas de impurezas.

Cumprir as normas de segurança alimentar: Certifique-se de que cumpre todas as normas de segurança alimentar ao processar as culturas de açúcar. A segurança alimentar é crucial para proteger a saúde dos consumidores e manter a confiança dos clientes.

Adotar práticas sustentáveis: Utilizar práticas de transformação sustentáveis que minimizem o impacto ambiental. Por exemplo, reciclar os subprodutos da transformação e utilizar fontes de energia renováveis.

Estudos de mercado: Antes de lançar um novo produto transformado, efectue estudos de mercado para compreender as necessidades e preferências dos consumidores. Isto ajudá-lo-á a desenvolver produtos que satisfaçam as expectativas do mercado.

Inovar constantemente: Esteja aberto à inovação e procure constantemente melhorar os seus produtos e processos de transformação. A inovação é essencial para se manter competitivo e para responder às mudanças no mercado.

Colaboração com especialistas: Trabalhe com especialistas em processamento de culturas açucareiras, nutricionistas e especialistas em marketing para melhorar a qualidade dos seus produtos e comercializá-los eficazmente.

Foco na qualidade: A qualidade deve ser uma prioridade absoluta na transformação das culturas açucareiras. Os produtos de alta qualidade são essenciais para fidelizar os clientes e criar uma boa reputação.

Diversificação dos produtos: diversificar a gama de produtos para responder a diferentes segmentos de mercado. Ofereça produtos para diferentes ocasiões de consumo e para diferentes grupos de consumidores.

Utilizar tecnologias modernas: Investir em tecnologias modernas para melhorar a eficiência e a qualidade do processamento. O equipamento moderno permite processos mais precisos e eficientes.

Estudos de casos de sucesso

Para ilustrar as possibilidades oferecidas pela transformação das culturas açucareiras, vejamos alguns casos de sucesso notáveis:

Sucrerie de Réunion, França: Esta fábrica de açúcar conseguiu distinguir-se pela produção de açúcar de cana de alta qualidade para os mercados local e internacional. Ao investir em equipamento moderno e ao adotar práticas sustentáveis, a fábrica de açúcar conseguiu aumentar a sua produção e reduzir o seu impacto ambiental. Também produz etanol a partir do melaço, diversificando as suas fontes de rendimento.

Fábrica de beterraba sacarina do Nebraska, EUA: Esta fábrica de processamento de beterraba sacarina implementou técnicas avançadas de processamento para produzir açúcar refinado de alta qualidade. Ao utilizar tecnologias de ponta para a extração e clarificação do sumo de beterraba, a fábrica conseguiu melhorar a eficiência da produção e reduzir os custos. Desenvolveu também subprodutos como snacks doces e xaropes, respondendo à crescente procura de produtos inovadores por parte dos consumidores.

Projeto de transformação de cana-de-açúcar de Kwazulu-Natal, África do Sul: Este projeto de base comunitária transformou a cana-de-açúcar em açúcar e melaço para os mercados locais e regionais. Ao fornecer equipamento de transformação e formação aos agricultores, o projeto melhorou a segurança alimentar e o rendimento das famílias rurais. Os produtos transformados são vendidos nos mercados locais e nas grandes cidades, gerando rendimentos adicionais para as famílias rurais e contribuindo para a estabilidade económica da região.

Estes exemplos mostram como a transformação das culturas açucareiras pode ser uma forma eficaz de melhorar os rendimentos agrícolas, criar empregos e promover o desenvolvimento económico local. Adoptando boas práticas e tirando partido das oportunidades de mercado, os agricultores podem transformar os seus produtos de açúcar de forma rentável e sustentável.

Capítulo 5: Processamento de especiarias e ervas aromáticas

As especiarias e as ervas aromáticas desempenham um papel central na cozinha mundial, conferindo sabor, aroma e cor aos pratos. A transformação destas plantas acrescenta valor e prolonga o seu prazo de validade, ao mesmo tempo que abre mercados potenciais para os produtores. Este capítulo explora as técnicas de secagem, moagem e embalagem de especiarias e ervas aromáticas, centrando-se nos benefícios económicos e nas oportunidades de mercado.

A importância das especiarias e das ervas aromáticas

As especiarias e as ervas aromáticas têm uma longa história de utilização, não só pelas suas propriedades culinárias, mas também pelos seus benefícios medicinais e de conservação. Eis porque é que são essenciais:

Diversidade culinária: As especiarias e as ervas aromáticas são utilizadas numa grande variedade de cozinhas para conferir sabores únicos e complexos aos pratos. São indispensáveis na preparação de muitas receitas tradicionais e modernas.

Propriedades medicinais: Muitas especiarias e ervas aromáticas têm propriedades medicinais. A cúrcuma, por exemplo, é conhecida pelas suas propriedades anti-inflamatórias, enquanto a hortelã é utilizada pelos seus efeitos calmantes no sistema digestivo.

Conservação dos alimentos: Certas especiarias, como o cravinho e a canela, têm propriedades antimicrobianas e antioxidantes que ajudam a conservar os alimentos e a prolongar o seu prazo de validade.

Oportunidades económicas: A transformação de especiarias e ervas aromáticas permite aos agricultores diversificar os seus rendimentos e aceder a novos mercados. Os produtos transformados, como os pós, os óleos essenciais e os extractos, têm um valor acrescentado mais elevado do que os produtos em bruto.

Técnicas de transformação de especiarias e ervas aromáticas

A transformação de especiarias e ervas aromáticas envolve várias etapas fundamentais: secagem, moagem e acondicionamento. Cada uma destas fases é crucial para garantir a qualidade e o prazo de validade dos produtos acabados.

Secagem de especiarias e ervas aromáticas

A secagem é a primeira fase da transformação de especiarias e ervas aromáticas. Reduz o teor de água das plantas, impedindo o crescimento de microrganismos e prolongando o seu prazo de validade. Eis os principais métodos de secagem:

Secagem ao ar livre: A secagem ao ar livre é o método mais antigo e mais simples. As especiarias e as ervas aromáticas são espalhadas em superfícies limpas e secas, longe da luz solar direta. Este método é económico mas depende das condições climáticas.

Secagem ao sol: A secagem ao sol consiste em expor as plantas à luz solar direta. Embora seja rápido, este método pode resultar numa perda de cor e de sabor devido à exposição aos raios ultravioleta. É mais adequado para climas áridos.

Secagem em estufa : A secagem em estufa permite um controlo preciso da temperatura e da humidade. As plantas são colocadas em fornos a uma temperatura baixa (40-50°C) até estarem completamente secas. Este método é mais rápido e oferece um melhor controlo de qualidade.

Secagem por desidratação: Os desidratadores eléctricos utilizam um fluxo de ar quente para remover a humidade das plantas. Este método é eficaz e preserva a cor, o sabor e os nutrientes das especiarias e ervas aromáticas.

Moer especiarias e ervas aromáticas

A trituração é a fase seguinte à secagem. Consiste em reduzir as plantas secas a um pó fino ou a pedaços mais pequenos, prontos para utilização culinária ou industrial. As técnicas de moagem variam consoante a escala de produção e a textura desejada.

Moagem manual: A moagem manual com almofarizes e pilões é tradicionalmente utilizada para pequenas quantidades. Este método permite controlar a textura do produto final, mas é trabalhoso e inadequado para uma produção em grande escala.

Moagem mecânica: Os moinhos eléctricos ou mecânicos são utilizados para moer grandes quantidades de especiarias e ervas aromáticas. Estas máquinas podem ser ajustadas para obter diferentes granulometrias, desde pó fino a pedaços grosseiros.

Moagem criogénica: Esta técnica utiliza temperaturas extremamente baixas para moer especiarias e ervas aromáticas. A moagem criogénica preserva os aromas e os óleos essenciais, mas requer equipamento especializado e custos de funcionamento elevados.

Embalagem de especiarias e ervas aromáticas

A embalagem é a fase final da transformação. Envolve o acondicionamento dos produtos acabados para os proteger da humidade, da luz e dos contaminantes, facilitando o seu armazenamento e transporte.

Embalagem em saquetas : As saquetas de plástico, alumínio ou papel são normalmente utilizadas para embalar especiarias e ervas aromáticas. São herméticas, leves e práticas para armazenar.

Embalagem em vácuo: A embalagem em vácuo consiste em retirar o ar das saquetas antes de as selar. Este método prolonga o prazo de validade, impedindo a oxidação e o crescimento microbiano.

Frascos de vidro: Os frascos de vidro são frequentemente utilizados para especiarias de alta qualidade. Oferecem uma excelente proteção contra a humidade e a luz, sendo reutilizáveis e esteticamente agradáveis.

Rotulagem: A rotulagem é uma fase crucial da embalagem. Os rótulos devem incluir informações sobre o produto, como o nome, a data de colheita, o prazo de validade, as instruções de armazenamento e eventuais certificações.

Valor acrescentado e potencial de mercado

A transformação de especiarias e ervas aromáticas oferece um valor acrescentado significativo e abre novos mercados para os produtores. Eis alguns aspectos fundamentais do valor acrescentado e do potencial de mercado:

Valor acrescentado: As especiarias e ervas aromáticas transformadas, tais como pós, misturas de especiarias, óleos essenciais e extractos, têm um valor acrescentado mais elevado do que os produtos em bruto. Este valor acrescentado traduz-se em margens de lucro mais elevadas para os produtores.

Prolongamento do prazo de validade: O processamento de especiarias e ervas aromáticas prolonga o seu prazo de validade, tornando-as mais fáceis de armazenar e transportar. Isto permite aos produtores vender os seus produtos durante todo o ano, mesmo fora de época.

Acesso aos mercados internacionais: As especiarias e ervas aromáticas transformadas cumprem as normas de qualidade e segurança alimentar exigidas pelos mercados internacionais. Este facto abre oportunidades de exportação para países onde a procura destes produtos é forte.

Diversificação dos produtos: Os produtores podem diversificar a sua gama de produtos, oferecendo especiarias e ervas aromáticas sob diferentes formas (pós, folhas secas, óleos essenciais, extractos) e para diferentes utilizações (culinária, medicinal, cosmética).

Responder à procura dos consumidores: A procura de produtos naturais, orgânicos e de alta qualidade por parte dos consumidores está a aumentar constantemente. As especiarias e ervas aromáticas processadas de forma sustentável e ética satisfazem estas expectativas e podem atrair um segmento de mercado de qualidade superior.

Dicas práticas para processar com sucesso especiarias e ervas aromáticas

Para ter sucesso no processamento de especiarias e ervas aromáticas, é importante seguir algumas boas práticas e concentrar-se em aspectos-chave. Eis algumas dicas para maximizar as suas hipóteses de sucesso:

Investir em equipamento de qualidade: Utilizar equipamento de secagem, moagem e embalagem de alta qualidade. Uma maquinaria eficiente e bem calibrada é essencial para garantir a qualidade dos produtos transformados.

Utilize matérias-primas de qualidade: A qualidade das especiarias e ervas aromáticas tem um impacto direto na qualidade dos produtos acabados. Certifique-se de que as plantas são colhidas na altura certa e estão isentas de impurezas.

Cumprir as normas de segurança alimentar: Certifique-se de que cumpre todas as normas de segurança alimentar ao processar especiarias e ervas aromáticas. A segurança alimentar é crucial para proteger a saúde dos consumidores e manter a confiança dos clientes.

Adotar práticas sustentáveis: Utilizar práticas de transformação sustentáveis que minimizem o impacto ambiental. Por exemplo, reciclar os subprodutos da transformação e utilizar fontes de energia renováveis.

Estudos de mercado: Antes de lançar um novo produto transformado, efectue estudos de mercado para compreender as necessidades e preferências dos consumidores. Isto ajudá-lo-á a desenvolver produtos que satisfaçam as expectativas do mercado.

Inovar constantemente: Esteja aberto à inovação e procure constantemente melhorar os seus produtos e processos de transformação. A inovação é essencial para se manter competitivo e para responder às mudanças no mercado.

Colaborar com especialistas: Trabalhe com especialistas em processamento de especiarias e ervas aromáticas, nutricionistas e especialistas em marketing para melhorar a qualidade dos seus produtos e comercializá-los eficazmente.

Foco na qualidade: A qualidade deve ser uma prioridade absoluta no processamento de especiarias e ervas aromáticas. Os produtos de alta qualidade são essenciais para fidelizar os clientes e criar uma boa reputação.

Diversificação dos produtos: diversificar a gama de produtos para responder a diferentes segmentos do mercado. Ofereça produtos para diferentes ocasiões de consumo e para diferentes grupos de consumidores.

Utilizar tecnologias modernas: Investir em tecnologias modernas para melhorar a eficiência e a qualidade do processamento. O equipamento moderno permite processos mais precisos e eficientes.

Estudos de casos de sucesso

Para ilustrar as possibilidades oferecidas pela transformação de especiarias e ervas aromáticas, vejamos alguns casos de sucesso notáveis:

Le Projet de Transformation des Herbes Aromatiques de Provence, França: Este projeto comunitário transformou ervas aromáticas locais como o tomilho, o alecrim e a lavanda em óleos essenciais, saquetas de ervas secas e misturas de especiarias. Utilizando métodos tradicionais de secagem e destilação combinados com técnicas modernas de embalagem, o projeto conseguiu criar uma gama de produtos de alta qualidade para os mercados locais e internacionais.

Fábrica de moagem de especiarias de Kerala, Índia: Esta fábrica implementou técnicas avançadas de moagem criogénica para produzir especiarias em pó finas e aromáticas, tais como curcuma, pimenta preta e cardamomo. Ao investir em equipamento moderno e ao cumprir as normas de segurança alimentar, a fábrica conseguiu penetrar nos mercados de especiarias de qualidade superior, respondendo à crescente procura de especiarias de alta qualidade por parte dos consumidores.

Cooperative de Transformation d'Herbes de Marrakech, Marrocos: Esta cooperativa permitiu que as mulheres rurais se juntassem para transformar ervas locais como a hortelã, os coentros e a salsa em produtos secos e óleos essenciais. Ao fornecer equipamento de transformação e formação, a cooperativa melhorou a segurança alimentar e o rendimento das famílias rurais. Os produtos transformados são vendidos nos mercados locais e nas grandes cidades, gerando rendimentos adicionais para as famílias rurais e contribuindo para a estabilidade económica da região.

Estes exemplos mostram como a transformação de especiarias e ervas aromáticas pode ser uma forma eficaz de melhorar os rendimentos agrícolas, criar emprego e promover o desenvolvimento económico local. Ao adoptarem boas práticas e tirarem partido das oportunidades de mercado, os agricultores podem transformar os seus produtos de especiarias de forma rentável e sustentável.

Capítulo 6: Transformação de sementes oleaginosas

A transformação de sementes oleaginosas como a soja, o girassol e a colza é essencial para a produção de óleos vegetais, margarina e outros subprodutos. Estes produtos desempenham um papel crucial na alimentação humana e animal, bem como em várias indústrias. Este capítulo explora a transformação de sementes oleaginosas, as técnicas e o equipamento necessários e a importância económica destas transformações.

Importância das sementes oleaginosas

As sementes oleaginosas são cultivadas principalmente pelo seu elevado teor de óleo e de proteínas. São de grande importância económica e nutricional pelas seguintes razões

Origem dos óleos vegetais: Os óleos extraídos de sementes oleaginosas são amplamente utilizados na culinária, na panificação e na preparação de vários alimentos transformados. São também utilizados no fabrico de margarinas e gorduras.

Alimentação animal: O bagaço de oleaginosa, o resíduo da extração de óleo, é uma fonte valiosa de proteínas para a alimentação animal. É utilizado como suplemento em rações para bovinos, aves de capoeira e peixes.

Aplicações industriais: Os óleos vegetais e os seus derivados são utilizados no fabrico de cosméticos, sabões, biocombustíveis, lubrificantes e outros produtos industriais.

Segurança alimentar: As oleaginosas contribuem para a segurança alimentar fornecendo nutrientes essenciais como os ácidos gordos insaturados, as vitaminas e as proteínas. Desempenham um papel fundamental nos regimes alimentares equilibrados e na nutrição global.

Processos de transformação de sementes oleaginosas

A transformação de sementes oleaginosas em óleos vegetais e outros produtos derivados envolve várias etapas fundamentais. Cada fase requer técnicas específicas e equipamento adaptado para garantir uma extração eficiente e uma qualidade óptima dos produtos acabados.

Preparação das sementes

A primeira fase da transformação consiste em preparar as sementes oleaginosas para a extração do óleo. Esta fase inclui a limpeza, o descasque, a trituração e o acondicionamento das sementes.

Limpeza: As sementes oleaginosas são limpas para remover impurezas como pedras, detritos vegetais e poeiras. Esta fase é crucial para garantir a pureza do óleo e evitar o desgaste do equipamento de processamento.

Descascamento: Algumas sementes, como as de girassol e de soja, precisam de ser descascadas para remover as cascas. O descasque aumenta o rendimento em óleo e reduz o teor de fibras do bagaço.

Trituração: As sementes sem casca são trituradas em pequenas partículas para facilitar a extração do óleo. A trituração é efectuada em moinhos de martelos, moinhos de rolos ou moinhos de trituração.

Acondicionamento: As partículas trituradas são acondicionadas por aquecimento a temperaturas moderadas. O acondicionamento liberta os óleos contidos nas células das sementes e prepara o material para as fases seguintes.

Extração de óleo

A extração do óleo é a fase central da transformação das sementes oleaginosas. Pode ser efectuada por pressão mecânica, por extração com solventes ou por uma combinação dos dois métodos.

Pressão mecânica: A pressão mecânica é um método tradicional de extração de óleo. As partículas de sementes embaladas são submetidas a uma pressão elevada em prensas de parafuso ou hidráulicas para extrair o óleo. Este método é simples e não necessita de solventes químicos, mas geralmente deixa uma quantidade residual de óleo nos bolos.

Extração por solventes : A extração por solventes é um método mais moderno e eficaz. As partículas de sementes são misturadas com um solvente (geralmente hexano) que dissolve o óleo. A mistura é então aquecida para evaporar o solvente, deixando para trás o óleo extraído. Este método produz um rendimento de óleo mais elevado do que a prensagem mecânica.

Extração combinada: Algumas instalações utilizam uma combinação de pressão mecânica e extração por solvente. Esta abordagem maximiza o rendimento do óleo e optimiza a eficiência do processo.

Refinação de petróleo

O óleo bruto extraído das sementes oleaginosas contém impurezas como fosfolípidos, pigmentos, ácidos gordos livres e ceras. A refinação do óleo é necessária para melhorar a sua qualidade e estabilidade. O processo de refinação envolve várias fases:

Degomagem: A degomagem é a primeira fase da refinação. Consiste na remoção de fosfolípidos e gomas através do tratamento do petróleo bruto com água quente ou ácido. As impurezas são depois separadas por centrifugação.

Neutralização: A neutralização, também conhecida como desacidificação, consiste em remover os ácidos gordos livres do petróleo bruto. O petróleo é tratado com uma solução alcalina (frequentemente soda cáustica), que reage com os ácidos gordos livres para formar sabões. Estes sabões são depois removidos por centrifugação.

Descoloração: O objetivo da descoloração é remover os pigmentos e os corantes do óleo. O óleo é misturado com argilas ou carvões activados, que adsorvem os pigmentos. A mistura é depois filtrada para se obter um óleo mais claro.

Desodorização: A desodorização é a fase final da refinação. Consiste na eliminação dos compostos voláteis responsáveis pelos odores e sabores indesejáveis. O azeite é aquecido em vácuo e o vapor produzido elimina os compostos voláteis.

Transformação em derivados

Para além do óleo vegetal, as sementes oleaginosas podem ser transformadas em vários subprodutos, como margarinas, gorduras, emulsionantes e proteínas vegetais.

Margarina: A margarina é fabricada a partir de óleos vegetais refinados, que são hidrogenados para os solidificar parcialmente. O óleo hidrogenado é misturado com água, sal, emulsionantes, corantes e aromatizantes para formar uma pasta homogénea. A margarina é então arrefecida e embalada.

Gorduras curtas: As gorduras curtas são gorduras vegetais sólidas utilizadas na panificação e na cozinha devido à sua textura e às suas propriedades culinárias. São fabricadas a partir de óleos vegetais parcialmente hidrogenados, que são depois arrefecidos e amassados para obter a consistência desejada.

Emulsionantes: Os óleos vegetais refinados podem ser transformados em emulsionantes, que são utilizados para estabilizar misturas de água e óleo em vários produtos alimentares, tais como molhos, gelados e produtos de panificação. As lecitinas e os mono e diglicéridos são exemplos comuns de emulsionantes derivados de sementes oleaginosas.

Proteínas vegetais: O bagaço de oleaginosa, o resíduo da extração de óleo, é rico em proteínas e pode ser transformado em concentrados ou isolados de proteínas vegetais. Estes produtos são utilizados na alimentação animal e humana devido ao seu elevado teor de proteínas e às suas propriedades funcionais.

Importância económica da transformação de sementes oleaginosas

A transformação de sementes oleaginosas tem um impacto económico significativo a vários níveis:

Aumento do valor acrescentado: A transformação de sementes oleaginosas em óleos vegetais e outros subprodutos acrescenta valor às matérias-primas. Os produtos transformados podem ser vendidos a preços mais elevados do que as sementes em bruto, aumentando assim o rendimento dos produtores e transformadores.

Criação de emprego: A indústria de transformação de sementes oleaginosas cria emprego em várias fases da cadeia de valor, desde o cultivo e a colheita das sementes até à transformação, embalagem e distribuição dos produtos acabados. Este facto ajuda a reduzir a pobreza e a melhorar as condições de vida nas zonas rurais.

Diversificação de produtos: A transformação de sementes oleaginosas diversifica os produtos disponíveis no mercado. Os óleos vegetais, a margarina, as proteínas vegetais e os emulsionantes são utilizados numa variedade de indústrias, aumentando as oportunidades de mercado e a resiliência económica.

Melhoria da segurança alimentar: Os produtos derivados de sementes oleaginosas, como os óleos vegetais e as proteínas, contribuem para a segurança alimentar, fornecendo nutrientes essenciais. Os bagaços de oleaginosas ricos em proteínas são uma importante fonte de alimentação para o gado, apoiando a produção de carne, leite e outros produtos animais.

Desenvolvimento industrial: A transformação de sementes oleaginosas estimula o desenvolvimento industrial, incentivando a instalação de unidades de transformação, infra-estruturas de transporte e serviços conexos. Isto gera investimento e oportunidades de crescimento económico.

Conselhos práticos para uma transformação de sementes oleaginosas bem sucedida

Para ter sucesso no processamento de sementes oleaginosas, é importante seguir certas boas práticas e concentrar-se em aspectos fundamentais. Eis algumas dicas para maximizar as suas hipóteses de sucesso:

Investir em equipamento de qualidade: Utilizar equipamento de processamento moderno e de alta qualidade. Prensas de óleo, extractores de solventes e refinarias bem calibrados são essenciais para garantir a qualidade dos produtos transformados.

Utilizar matérias-primas de qualidade: A qualidade das sementes oleaginosas tem um impacto direto na qualidade dos produtos acabados. Certifique-se de que as sementes são colhidas na altura certa e estão isentas de impurezas.

Cumprir as normas de segurança alimentar: Certifique-se de que cumpre todas as normas de segurança alimentar ao transformar sementes oleaginosas. A segurança alimentar é crucial para proteger a saúde dos consumidores e manter a confiança dos clientes.

Adotar práticas sustentáveis: Utilizar práticas de transformação sustentáveis que minimizem o impacto ambiental. Por exemplo, reciclar os subprodutos da transformação e utilizar fontes de energia renováveis.

Estudos de mercado: Antes de lançar um novo produto transformado, efectue estudos de mercado para compreender as necessidades e preferências dos consumidores. Isto ajudá-lo-á a desenvolver produtos que satisfaçam as expectativas do mercado.

Inovar constantemente: Esteja aberto à inovação e procure constantemente melhorar os seus produtos e processos de transformação. A inovação é essencial para se manter competitivo e para responder às mudanças no mercado.

Colaboração com especialistas: Trabalhe com especialistas em processamento de sementes oleaginosas, nutricionistas e especialistas em marketing para melhorar a qualidade dos seus produtos e comercializá-los eficazmente.

Foco na qualidade: A qualidade deve ser uma prioridade absoluta no processamento de sementes oleaginosas. Os produtos de alta qualidade são essenciais para fidelizar os clientes e criar uma boa reputação.

Diversificação dos produtos: diversificar a gama de produtos para responder a diferentes segmentos de mercado. Ofereça produtos para diferentes ocasiões de consumo e para diferentes grupos de consumidores.

Utilizar tecnologias modernas: Investir em tecnologias modernas para melhorar a eficiência e a qualidade do processamento. O equipamento moderno permite processos mais precisos e eficientes.

Estudos de casos de sucesso

Para ilustrar as possibilidades oferecidas pela transformação de sementes oleaginosas, vejamos alguns casos de sucesso notáveis:

Fábrica de extração de óleo de soja de Mato Grosso, Brasil: Esta fábrica utiliza técnicas avançadas de extração por solventes para produzir óleo de soja de alta qualidade. Ao investir em equipamento moderno e ao cumprir as normas de segurança alimentar, a fábrica conseguiu penetrar nos mercados internacionais de óleos vegetais, respondendo à crescente procura de produtos de alta qualidade por parte dos consumidores.

O Projeto de Transformação de Girassol em Sófia, Bulgária: Este projeto comunitário transformou as sementes de girassol locais em óleo vegetal, margarina e proteínas vegetais. Ao fornecer equipamento de transformação e formação aos agricultores, o projeto melhorou a segurança alimentar e o rendimento das famílias rurais. Os produtos transformados são vendidos nos mercados locais e nas grandes cidades, gerando rendimentos adicionais para as famílias rurais e contribuindo para a estabilidade económica da região.

La Coopérative de Transformation de Colza de Dijon, França: Esta cooperativa tornou-se conhecida pela produção de óleo de colza de alta qualidade para os mercados local e internacional. Ao utilizar métodos de transformação sustentáveis e ao respeitar as normas de segurança alimentar, a cooperativa conseguiu aumentar a sua produção e reduzir o seu impacto ambiental. Também produz proteínas vegetais a partir de farinha de colza, diversificando as suas fontes de rendimento.

Estes exemplos mostram como a transformação de sementes oleaginosas pode ser uma forma eficaz de melhorar os rendimentos agrícolas, criar empregos e promover o desenvolvimento económico local. Através da adoção de boas práticas e do aproveitamento das oportunidades de mercado, os agricultores podem transformar os seus produtos oleaginosos de forma rentável e sustentável.

Capítulo 7: Transformação em cerveja e vinificação

O fabrico de cerveja e a vinificação são duas das mais antigas técnicas de transformação de alimentos, utilizadas para produzir bebidas alcoólicas: cerveja e vinho. Estes processos combinam tradição, ciência e arte, e requerem um conhecimento profundo, bem como equipamento específico. Este capítulo explora em pormenor as técnicas de fabrico de cerveja e de vinificação, o equipamento necessário e as principais etapas destes processos.

Importância da produção de cerveja e da vinificação

A produção de cerveja e de vinho não é apenas uma tradição milenar, mas também uma indústria florescente. Eis por que razão a produção de cerveja e de vinho é tão importante:

Valor económico: A cerveja e o vinho são das bebidas mais consumidas no mundo. A sua produção gera rendimentos significativos para os agricultores, as fábricas de cerveja, as vinhas e as regiões produtoras.

Cultura e tradição: A produção de cerveja e de vinho faz parte integrante de muitas culturas e tradições. Desempenham um papel central nas festas, cerimónias e costumes sociais.

Diversidade de produtos: A produção de cerveja e a vinificação criam uma vasta gama de produtos com características únicas. Cada cerveja ou vinho tem o seu próprio perfil de sabor, cor e aroma.

Inovação e criatividade: Estes processos oferecem muitas oportunidades de inovação e criatividade. Os produtores podem experimentar diferentes receitas, técnicas e ingredientes para criar produtos distintos.

Técnicas de fabrico de cerveja

O fabrico de cerveja é o processo de transformação da cevada maltada (ou de outros cereais) em cerveja. Existem várias etapas fundamentais neste processo, cada uma das quais é essencial para obter uma cerveja de alta qualidade.

Maltagem

Germinação: Os grãos de cevada são embebidos em água e deixados a germinar. A germinação ativa as enzimas necessárias para converter o amido em açúcar fermentável.

Secagem: Após a germinação, os grãos são secos num forno. A temperatura e a duração da secagem influenciam a cor e o sabor do malte.

Fabricação de cerveja

Trituração: O malte seco é triturado para libertar os amidos, deixando as cascas intactas, o que facilita a filtração.

Trituração: O malte triturado é misturado com água quente numa tina de trituração. As enzimas convertem o amido em açúcares fermentáveis, formando o mosto.

Filtração: O mosto é separado dos resíduos de grãos (grãos usados) por filtração. Os grãos usados podem ser utilizados como alimento para animais.

Ebulição: O mosto filtrado é levado à ebulição num recipiente de fermentação. O lúpulo é adicionado para dar amargor, sabor e aroma. A fervura esteriliza o mosto e extrai os compostos aromáticos do lúpulo.

Arrefecimento: Após a ebulição, o mosto é rapidamente arrefecido para atingir a temperatura ideal para a fermentação.

Fermentação

Inoculação : O mosto arrefecido é transferido para um tanque de fermentação e inoculado com levedura. A levedura converte os açúcares fermentáveis em álcool e dióxido de carbono.

Fermentação primária: Esta fase dura geralmente de alguns dias a uma semana, durante a qual ocorre a maior parte da fermentação.

Fermentação secundária: A cerveja é transferida para outro tanque para fermentação secundária. Esta fase desenvolve os sabores e clarifica a cerveja.

Embalagem

Filtração e carbonatação: A cerveja é filtrada para remover os resíduos de levedura e outras partículas. Em seguida, é carbonatada, quer naturalmente por refermentação, quer por adição de dióxido de carbono.

Engarrafamento: A cerveja é embalada em garrafas, latas ou barris. Pode ser pasteurizada para prolongar o seu prazo de validade.

Técnicas de vinificação

A vinificação é o processo de transformação das uvas em vinho. Tal como a produção de cerveja, este processo envolve várias fases que são essenciais para obter um vinho de qualidade.

Colheita

Colheita das uvas: As uvas são colhidas no momento ideal de maturação, manualmente ou com recurso a máquinas. O momento da vindima é crucial para a qualidade do vinho.

Preparação e prensagem

Desengace e esmagamento: Os cachos de uvas são desengaçados (separados dos engaços) e esmagados para libertar o sumo.

Prensagem: O sumo de uva, chamado mosto, é extraído por prensagem. O tipo de prensagem (suave ou vigorosa) influencia a composição do mosto e a qualidade do vinho.

Fermentação

Fermentação alcoólica: O mosto é transferido para as cubas de fermentação. As leveduras transformam os açúcares em álcool e dióxido de carbono. A temperatura e a duração da fermentação são controladas para influenciar o perfil aromático do vinho.

Fermentação maloláctica: Após a fermentação alcoólica, alguns vinhos sofrem a fermentação maloláctica. Esta fase, efectuada por bactérias lácticas, transforma o ácido málico em ácido lático, tornando o vinho mais macio.

Maturação e clarificação

Envelhecimento: Os vinhos jovens são envelhecidos em cubas, barris ou toneis. O envelhecimento permite que o vinho desenvolva os seus aromas e se torne mais refinado. As condições em que o vinho é envelhecido (tipo de recipiente, duração, temperatura) têm uma grande influência no seu carácter.

Clarificação: O vinho é clarificado para eliminar as partículas em suspensão. Esta fase pode incluir a filtração, a colagem (adição de substâncias para precipitar as impurezas) e a trasfega (transferência do vinho límpido para outro recipiente).

Engarrafamento

Estabilização e filtração final: Antes do engarrafamento, o vinho pode ser estabilizado (para evitar fermentações indesejadas) e filtrado uma última vez para garantir a sua limpidez.

Engarrafamento: O vinho é engarrafado, vedado com rolhas de cortiça ou de rosca. Pode ser envelhecido em garrafa antes de ser lançado para permitir que os aromas se desenvolvam mais.

Equipamento necessário

A produção de cerveja e a vinificação requerem equipamentos específicos adaptados a cada fase do processo. Eis os principais equipamentos necessários para cada técnica:

Equipamento de fabrico de cerveja

Moinho de malte: Utilizado para moer o malte em partículas de tamanho adequado para a brassagem.

Tina de brassagem: Utilizada para misturar o malte moído com água quente e ativar as enzimas.

Tanque de filtração (Lauter Tun): Utilizado para separar o mosto dos grãos usados.

Chaleira: Utilizada para ferver o mosto e adicionar o lúpulo.

Permutador de calor: Utilizado para arrefecer o mosto após a ebulição.

Tanques de fermentação: Tanques onde se efectua a fermentação primária e secundária.

Sistema de filtragem: Utilizado para clarificar a cerveja antes de a embalar.

Equipamento de embalagem: máquinas para encher garrafas, latas ou bidões.

Equipamento de vinificação

Triturador e desengaçador: Utilizado para separar as uvas dos engaços e esmagá-las.

Prensa de uvas: Utilizada para extrair o sumo das uvas.

Cubas de fermentação: Cubas para a fermentação alcoólica e maloláctica.

Foudres e Barriques: Recipientes para a maturação do vinho.

Sistema de clarificação: Equipamento de filtragem, de colagem e de trasfega.

Engarrafamento: Máquinas para encher e selar garrafas de vinho.

Fases-chave e boas práticas

Para ser bem sucedido na produção de cerveja e de vinho, é crucial seguir passos chave e respeitar certas boas práticas. Eis alguns conselhos práticos:

Controlo da temperatura: A temperatura é um fator crucial em ambos os processos. Controlar cuidadosamente a temperatura durante a brassagem, a fermentação e o envelhecimento para garantir resultados óptimos.

Qualidade dos ingredientes : Utilizar matérias-primas de alta qualidade. Para a cerveja, isto significa malte fresco, lúpulo aromático e levedura ativa. Para o vinho, isto significa uvas maduras e saudáveis.

Higiene rigorosa: Manter uma higiene rigorosa em todas as fases para evitar a contaminação e a infeção por microrganismos indesejáveis.

Monitorização e controlo: Monitorizar e controlar todas as fases do processo. Utilize instrumentos de medição para monitorizar densidades, temperaturas e níveis de pH.

Documentação: Mantenha registos detalhados de cada fermentação ou colheita. A documentação permite-lhe identificar os sucessos e as áreas a melhorar.

Formação e especialização: Invista em formação contínua e trabalhe com especialistas para melhorar as suas técnicas e manter-se atualizado com as inovações do sector.

Inovação e experimentação: Não tenha medo de inovar e de experimentar novas receitas, técnicas e ingredientes para criar produtos distintos.

Estudos de casos de sucesso

Para ilustrar as possibilidades oferecidas pela produção de cerveja e de vinho, vejamos alguns casos de sucesso notáveis:

Cervejaria Artesanal de Munique, Alemanha: Esta cervejaria artesanal combinou tradição e inovação para produzir cervejas de alta qualidade. Utilizando técnicas tradicionais de fabrico de cerveja e lúpulo local, a cervejaria criou uma gama de cervejas premiadas que são apreciadas a nível local e internacional.

Adega de Napa Valley, EUA: Esta adega investiu em técnicas de vinificação de ponta para produzir vinhos de classe mundial. Utilizando métodos de fermentação controlados e envelhecimento em barris de carvalho francês, a propriedade produziu vinhos que receberam críticas entusiasmadas e prémios de prestígio.

La Microbrasserie de Québec, Canadá: Esta microcervejaria ganhou fama ao produzir cervejas artesanais inovadoras. Ao fazer experiências com ingredientes locais e técnicas de fermentação únicas, a microcervejaria criou cervejas distintas que agradam aos amantes de cerveja de todo o mundo.

Le Vignoble de Bordeaux, França: Esta vinha histórica manteve as práticas tradicionais de vinificação ao mesmo tempo que adoptou inovações modernas. Ao combinar técnicas de viticultura sustentáveis com uma vinificação precisa, a vinha produziu vinhos que reflectem o terroir único de Bordéus e são reconhecidos pela sua qualidade excecional.

Estes exemplos mostram como a produção de cerveja e de vinho pode ser uma forma eficaz de melhorar os rendimentos agrícolas, criar produtos de alta qualidade e promover o desenvolvimento económico local. Adoptando boas práticas e tirando partido das oportunidades de mercado, os produtores podem transformar as suas matérias-primas em bebidas alcoólicas de forma rentável e sustentável.

Capítulo 8: Introdução ao processamento químico

A transformação química dos produtos agrícolas é um domínio fascinante e em rápido crescimento, oferecendo infinitas possibilidades de acrescentar valor às matérias-primas agrícolas. Ao combinar os princípios da química com os recursos naturais, é possível criar uma gama diversificada de produtos que vão muito para além dos alimentos. Este capítulo explora as várias possibilidades de transformação química dos produtos agrícolas, destacando a importância da inovação e da sustentabilidade neste sector.

Importância da transformação química dos produtos agrícolas

A transformação química dos produtos agrícolas é crucial por várias razões. Não só diversifica as fontes de rendimento dos agricultores e das indústrias agro-alimentares, como também desempenha um papel fundamental na transição para uma economia mais sustentável e amiga do ambiente. Eis por que razão esta transformação é tão importante:

Diversificação de produtos: A transformação química converte as matérias-primas agrícolas numa variedade de produtos, incluindo biocombustíveis, cosméticos, produtos farmacêuticos, bioplásticos e muitos outros. Esta diversificação contribui para a estabilidade económica e a resiliência das cadeias de valor agrícolas.

Inovação tecnológica: O sector da transformação química é um motor de inovação tecnológica. Ao desenvolver novos processos e aplicações, é possível otimizar a utilização dos recursos agrícolas e reduzir os resíduos.

Sustentabilidade ambiental: As transformações químicas sustentáveis podem ajudar a reduzir a pegada ecológica da agricultura e da indústria. Por exemplo, a produção de biocombustíveis e bioplásticos a partir de materiais agrícolas renováveis ajuda a reduzir as emissões de gases com efeito de estufa e a dependência de combustíveis fósseis.

Acrescentar valor aos resíduos agrícolas: O processamento químico oferece oportunidades para acrescentar valor aos resíduos e desperdícios agrícolas, transformando subprodutos que são frequentemente considerados incómodos em recursos valiosos.

Possibilidades de transformação química

Os produtos agrícolas podem ser transformados quimicamente numa grande variedade de produtos úteis. Eis algumas das principais vias de transformação química, cada uma com as suas próprias aplicações e benefícios específicos.

Biocombustíveis

Os biocombustíveis são combustíveis produzidos a partir de matéria orgânica renovável. Representam uma alternativa sustentável aos combustíveis fósseis e desempenham um papel fundamental na redução das emissões de gases com efeito de estufa.

Bioetanol: O bioetanol é produzido através da fermentação de açúcares de culturas como o milho, a cana-de-açúcar e a beterraba sacarina. É normalmente utilizado como aditivo à gasolina para melhorar a combustão e reduzir as emissões poluentes.

Biodiesel: O biodiesel é produzido pela transesterificação de óleos vegetais e gorduras animais. As matérias-primas mais comuns incluem a soja, a colza e os óleos alimentares usados. O biodiesel pode ser utilizado em motores diesel convencionais e é biodegradável e não tóxico.

Biogás: O biogás é produzido pela digestão anaeróbica da biomassa, incluindo resíduos agrícolas, resíduos de culturas e efluentes da pecuária. É composto principalmente por metano e dióxido de carbono e pode ser utilizado como fonte de energia renovável para produzir calor, eletricidade e combustível para veículos.

Cosméticos

Os produtos agrícolas podem ser transformados numa variedade de cosméticos naturais, satisfazendo a procura crescente dos consumidores por produtos seguros e amigos do ambiente.

Óleos essenciais: Os óleos essenciais são extraídos de plantas aromáticas como a lavanda, a hortelã-pimenta e o eucalipto. São utilizados em produtos de higiene pessoal pelas suas propriedades aromáticas e terapêuticas.

Óleos vegetais: Os óleos vegetais, como o óleo de argão, o óleo de jojoba e o óleo de coco, são normalmente utilizados nos cuidados da pele e do cabelo pelas suas propriedades hidratantes e nutritivas.

Extractos botânicos: Os extractos de plantas, como o aloé vera, o chá verde e a camomila, são utilizados pelas suas propriedades calmantes, anti-inflamatórias e antioxidantes. São incorporados numa série de produtos cosméticos, incluindo cremes, loções e séruns.

Produtos farmacêuticos

Os produtos agrícolas são uma fonte rica de compostos bioactivos que podem ser transformados em ingredientes farmacêuticos activos para tratar uma variedade de doenças e afecções.

Alcalóides: Os alcalóides são compostos orgânicos com azoto produzidos por certas plantas. A morfina, o quinino e a nicotina são exemplos de alcalóides utilizados na medicina.

Flavonóides: Os flavonóides são poderosos antioxidantes que se encontram em muitos frutos e legumes. Têm propriedades anti-inflamatórias, antivirais e anticancerígenas e são utilizados em suplementos alimentares e medicamentos.

Saponinas: As saponinas são glicosídeos triterpénicos ou esteroidais que se encontram em plantas como a soja e a quinoa. São utilizadas pelas suas propriedades redutoras do colesterol e imunoestimulantes.

Bioplásticos

Os bioplásticos são materiais plásticos produzidos a partir de fontes renováveis, como o amido de milho, a cana-de-açúcar e a celulose. Representam uma alternativa amiga do ambiente aos plásticos tradicionais derivados do petróleo.

PLA (Ácido Poliláctico): O PLA é um bioplástico produzido pela fermentação de açúcares de culturas como o milho. É utilizado no fabrico de embalagens, sacos, copos e utensílios descartáveis.

PHA (Polihidroxialcanoatos): Os PHAs são bioplásticos produzidos por bactérias que fermentam açúcares ou óleos vegetais. São utilizados em aplicações médicas, embalagens de alimentos e produtos biodegradáveis.

Amido termoplástico: O amido termoplástico é produzido através da modificação do amido extraído de culturas como o milho ou a batata. É utilizado para fabricar películas, sacos e materiais de amortecimento biodegradáveis.

Produtos de limpeza e detergentes

Os produtos agrícolas podem também ser transformados em ingredientes para produtos de limpeza e detergentes amigos do ambiente.

Tensioactivos de origem vegetal: Os tensioactivos de origem vegetal, como os glucósidos e as lecitinas, são utilizados pelas suas propriedades de formação de espuma e de limpeza em sabões e detergentes.

Solventes de origem vegetal: Os solventes derivados da agricultura, como o etanol e o limoneno, são utilizados em produtos de limpeza para dissolver a gordura e a sujidade.

Agentes branqueadores naturais: Os agentes de branqueamento naturais, como o percarbonato de sódio, são derivados de materiais agrícolas e utilizados pelas suas propriedades de limpeza e desinfeção.

Importância da inovação e da sustentabilidade

Inovação e sustentabilidade são dois pilares essenciais para o sucesso no processamento químico de produtos agrícolas. Eis por que razão são tão cruciais:

Satisfazer as exigências do mercado: Os consumidores e as entidades reguladoras exigem cada vez mais produtos sustentáveis, seguros e amigos do ambiente. A inovação permite desenvolver produtos que satisfazem estas expectativas, oferecendo simultaneamente vantagens competitivas.

Otimização dos recursos: A inovação tecnológica ajuda a otimizar a utilização dos recursos agrícolas, reduzindo o desperdício e melhorando a eficiência dos processos de transformação. Isto contribui para a sustentabilidade económica e ambiental.

Redução do impacto ambiental: Os processos de transformação química sustentáveis minimizam o impacto ambiental, reduzindo as emissões de gases com efeito de estufa, utilizando matérias-primas renováveis e promovendo a reciclagem dos produtos.

Segurança e saúde: A inovação no processamento químico permite o desenvolvimento de produtos mais seguros para os consumidores e trabalhadores. Isto inclui a redução da utilização de substâncias tóxicas e o desenvolvimento de processos mais limpos.

Desenvolvimento económico local: Ao promover a transformação local de produtos agrícolas, a inovação e a sustentabilidade contribuem para o desenvolvimento económico das zonas rurais. Isto cria empregos, aumenta os rendimentos dos agricultores e apoia as economias locais.

Conselhos práticos para o sucesso no processamento químico

Para ter sucesso no processamento químico de produtos agrícolas, é importante seguir certas boas práticas e concentrar-se em aspectos-chave. Eis algumas dicas para maximizar as suas hipóteses de sucesso:

Investir em investigação e desenvolvimento: A investigação e desenvolvimento (I&D) é essencial para inovar e melhorar os processos de transformação química. Investir em projectos de I&D para descobrir novas aplicações e otimizar os processos existentes.

Colaboração com especialistas: Trabalhe com especialistas em química, agricultura e engenharia para melhorar a qualidade dos seus produtos e desenvolver processos sustentáveis. As parcerias com institutos de investigação e universidades também podem ser benéficas.

Utilizar matérias-primas de qualidade: A qualidade das matérias-primas influencia diretamente a qualidade dos produtos acabados. Certifique-se de que as matérias-primas agrícolas são de alta qualidade e que são cultivadas de forma sustentável.

Cumprir as normas de segurança e ambientais: Certifique-se de que cumpre todas as normas de segurança e ambientais durante o processamento de produtos químicos. A conformidade regulamentar é crucial para proteger a saúde dos trabalhadores, dos consumidores e do ambiente.

Adotar práticas sustentáveis: Utilizar práticas de processamento sustentáveis que minimizem o impacto ambiental. Isto inclui a utilização de solventes ecológicos, a redução de resíduos e a otimização da eficiência energética.

Estudo de mercado: Antes de lançar um novo produto químico transformado, efectue um estudo de mercado para compreender as necessidades e preferências dos consumidores. Isto ajudá-lo-á a desenvolver produtos que satisfaçam as expectativas do mercado.

Inovar constantemente: Esteja aberto à inovação e procure constantemente melhorar os seus produtos e processos de transformação. A inovação é essencial para se manter competitivo e para responder às mudanças no mercado.

Foco na qualidade: A qualidade deve ser uma prioridade absoluta no processamento químico de produtos agrícolas. Os produtos de alta qualidade são essenciais para fidelizar os clientes e criar uma boa reputação.

Diversificação dos produtos: Diversifique a sua gama de produtos para responder a diferentes segmentos de mercado. Ofereça produtos para diferentes aplicações e diferentes grupos de consumidores.

Utilizar tecnologias modernas: Investir em tecnologias modernas para melhorar a eficiência e a qualidade do processamento. O equipamento moderno permite processos mais precisos e eficientes.

Estudos de casos de sucesso

Para ilustrar as possibilidades oferecidas pela transformação química dos produtos agrícolas, vejamos alguns casos de sucesso notáveis:

Fábrica de Bioplásticos de Bolonha, Itália: Esta fábrica utiliza amido de milho para produzir bioplásticos PLA. Ao investir em tecnologias de ponta de fermentação e polimerização, a fábrica conseguiu criar bioplásticos biodegradáveis utilizados em embalagens de alimentos, sacos e utensílios descartáveis. Estes bioplásticos satisfazem a procura crescente de alternativas sustentáveis aos plásticos tradicionais.

O Projeto de Produção de Bioetanol de São Paulo, Brasil: Este projeto utiliza a cana-de-açúcar para produzir bioetanol, um biocombustível renovável. Utilizando tecnologias avançadas de fermentação e destilação, o projeto conseguiu otimizar a produção de bioetanol, reduzindo simultaneamente as emissões de gases com efeito de estufa. O bioetanol produzido é utilizado como aditivo para a gasolina, ajudando a reduzir a dependência dos combustíveis fósseis.

La Coopérative de Transformation d'Huiles Essentielles de Provence, França: Esta cooperativa transforma plantas aromáticas locais, como a lavanda e o alecrim, em óleos essenciais de alta qualidade. Utilizando técnicas de destilação a vapor respeitadoras do ambiente, a cooperativa conseguiu produzir óleos essenciais utilizados em cosméticos, perfumes e produtos terapêuticos. Os produtos da cooperativa são exportados para todo o mundo, gerando rendimentos significativos para os seus membros.

Central de biocombustíveis da Baviera, Alemanha: Esta central converte resíduos de culturas e resíduos agrícolas em biogás, que é utilizado para gerar eletricidade e calor. Utilizando tecnologias avançadas de digestão anaeróbia, a central conseguiu recuperar os resíduos agrícolas, contribuindo simultaneamente para a produção de energia renovável. O projeto reduziu as emissões de metano e criou empregos locais na região.

Estes exemplos mostram como a transformação química dos produtos agrícolas pode ser uma forma eficaz de melhorar os rendimentos agrícolas, criar produtos inovadores e promover o desenvolvimento sustentável. Adoptando boas práticas e tirando partido das oportunidades de mercado, os agricultores e os transformadores podem transformar as suas matérias-primas em produtos químicos de uma forma rentável e sustentável.

Capítulo 9: Conversão para biocombustíveis

Os biocombustíveis são uma alternativa sustentável aos combustíveis fósseis tradicionais. São produzidos a partir de materiais agrícolas renováveis e oferecem benefícios económicos e ambientais significativos. Este capítulo explora em pormenor o processo de produção de biocombustíveis a partir de materiais agrícolas, o seu impacto ambiental e as perspectivas económicas desta transformação.

Importância dos biocombustíveis

Os biocombustíveis são essenciais por uma série de razões. Ajudam a reduzir as emissões de gases com efeito de estufa, reduzem a dependência dos combustíveis fósseis e proporcionam uma nova fonte de rendimento aos agricultores. Eis porque é que os biocombustíveis são cruciais:

Redução das emissões de gases com efeito de estufa: Os biocombustíveis produzem menos CO_2 e outros poluentes do que os combustíveis fósseis, ajudando a combater as alterações climáticas.

Redução da dependência dos combustíveis fósseis: Os biocombustíveis permitem diversificar as fontes de energia e reduzir a dependência das importações de petróleo, melhorando assim a segurança energética.

Novos rendimentos para os agricultores: A produção de biocombustíveis oferece uma nova fonte de rendimento para os agricultores, ao acrescentar valor às matérias-primas agrícolas e aos resíduos de culturas.

Desenvolvimento económico local: A produção de biocombustíveis pode estimular o desenvolvimento económico local através da criação de emprego nas zonas rurais e do incentivo ao investimento em infra-estruturas.

Processo de produção de biocombustíveis

A produção de biocombustíveis envolve várias etapas, cada uma delas exigindo técnicas específicas e equipamentos adaptados. Apresentamos de seguida os principais tipos de biocombustíveis e os processos de produção associados:

Bioetanol

O bioetanol é um biocombustível líquido produzido pela fermentação de açúcares presentes em materiais agrícolas como o milho, a cana-de-açúcar e a beterraba sacarina. Eis as principais etapas da sua produção:

Preparação das matérias-primas: As matérias-primas são limpas e preparadas para a fermentação. No caso do milho, os grãos são moídos para libertar o amido.

Sacarificação: O amido é convertido em açúcares fermentáveis através da adição de enzimas específicas. Este processo é designado por sacarificação.

Fermentação: Os açúcares são fermentados pela levedura para produzir etanol e dióxido de carbono. A fermentação dura geralmente 48 a 72 horas.

Destilação: A mistura fermentada, conhecida como mosto, é destilada para separar o etanol dos outros componentes. O etanol puro é recolhido sob a forma de vapor e depois condensado num líquido.

Desidratação: O etanol destilado contém ainda uma pequena quantidade de água. É desidratado para obter bioetanol anidro, que é depois misturado com gasolina para formar combustíveis como o E85 (85% etanol, 15% gasolina).

Biodiesel

O biodiesel é um biocombustível líquido produzido pela transesterificação de óleos vegetais e gorduras animais. Eis as principais etapas da sua produção:

Preparação da matéria-prima: Os óleos vegetais (por exemplo, óleo de soja, de colza ou de girassol) ou as gorduras animais são filtrados para remover as impurezas.

Transesterificação: Os óleos são misturados com um álcool (geralmente metanol) e um catalisador (geralmente hidróxido de sódio) para produzir ésteres metílicos (biodiesel) e glicerol como subproduto.

Separação: A mistura reacional é deixada em repouso para permitir a separação do biodiesel e do glicerol. O biodiesel flutua à superfície e é recuperado.

Purificação: O biodiesel bruto é lavado com água para remover vestígios de metanol, catalisador e sabão. De seguida, é seco para remover qualquer água residual.

Embalagem: O biodiesel purificado é embalado e pode ser utilizado diretamente em motores diesel ou misturado com diesel fóssil.

Biogás

O biogás é um combustível gasoso produzido pela digestão anaeróbica da biomassa, incluindo resíduos agrícolas, resíduos de culturas e efluentes da pecuária. Eis as principais etapas da sua produção:

Recolha de matérias-primas: A biomassa é recolhida e transportada para uma instalação de digestão anaeróbia.

Pré-tratamento: A biomassa é pré-tratada para otimizar a degradação biológica. Isto pode incluir a moagem, a mistura e o ajuste da humidade e do pH.

Digestão anaeróbia: A biomassa é colocada num digestor anaeróbio, onde é decomposta por microrganismos na ausência de oxigénio. Este processo produz biogás (principalmente metano e dióxido de carbono) e digestato (um resíduo rico em nutrientes).

Captura e armazenamento de biogás: O biogás é capturado e armazenado em tanques. Pode ser utilizado para produzir calor e eletricidade, ou purificado para ser utilizado como combustível para veículos.

Utilização de digerido: O digerido é um subproduto rico em nutrientes que pode ser utilizado como fertilizante orgânico para melhorar a fertilidade do solo.

Impacto ambiental dos biocombustíveis

Os biocombustíveis oferecem uma série de vantagens ambientais em relação aos combustíveis fósseis. No entanto, a sua produção e utilização também podem ter impactos negativos se não forem geridos de forma sustentável. Eis alguns dos impactos ambientais dos biocombustíveis:

Redução das emissões de gases com efeito de estufa: Os biocombustíveis produzem menos CO_2 e outros poluentes do que os combustíveis fósseis. Por exemplo, a utilização de biodiesel pode reduzir as emissões de CO_2 em 50 a 80% em comparação com o gasóleo fóssil.

Utilização de resíduos agrícolas: A produção de biogás a partir de resíduos agrícolas e de resíduos de culturas contribui para uma gestão sustentável dos resíduos e para a redução das emissões de metano dos aterros e dos efluentes da pecuária.

Impacto na utilização dos solos: A produção de culturas energéticas para biocombustíveis pode levar a alterações na utilização dos solos, incluindo a conversão de terras agrícolas, florestas e zonas naturais. Isto pode afetar a biodiversidade e a disponibilidade de terras para a produção de alimentos.

Consumo de água: A produção de biocombustíveis, nomeadamente de bioetanol, pode exigir grandes quantidades de água para a irrigação das culturas e para o processamento. A gestão sustentável da água é essencial para minimizar o impacto nos recursos hídricos.

Impacto na qualidade do ar e da água: A produção e utilização de biocombustíveis pode ter um impacto na qualidade do ar e da água. Por exemplo, o cultivo intensivo de matérias-primas para biocombustíveis pode levar à poluição causada por pesticidas e fertilizantes.

Perspectivas económicas para os biocombustíveis

Os biocombustíveis oferecem perspectivas económicas promissoras para os agricultores, os transformadores e as economias locais. Eis algumas das principais perspectivas económicas dos biocombustíveis:

Criação de emprego: A produção de biocombustíveis cria empregos em várias fases da cadeia de valor, desde o cultivo de matérias-primas até à transformação, embalagem e distribuição de produtos acabados.

Diversificação dos rendimentos agrícolas: Os biocombustíveis oferecem uma nova fonte de rendimento para os agricultores, acrescentando valor às matérias-primas agrícolas e aos resíduos de culturas. Isto contribui para a estabilidade económica e a resiliência das explorações agrícolas.

Atração de investimento: O sector dos biocombustíveis atrai investimentos em infra-estruturas, tecnologia e projectos de investigação e desenvolvimento. Isto estimula o desenvolvimento económico local e regional.

Redução dos custos energéticos: A utilização de biocombustíveis pode reduzir os custos energéticos das explorações e indústrias locais. Por exemplo, o biogás pode ser utilizado para produzir eletricidade e calor no local, reduzindo os custos de energia.

Acesso a mercados internacionais: Os biocombustíveis oferecem oportunidades de exportação para mercados internacionais, onde a procura de fontes de energia renováveis e sustentáveis está a crescer. Este facto abre novas oportunidades de mercado para os produtores de biocombustíveis.

Conselhos práticos para uma produção bem sucedida de biocombustíveis

Para ter êxito na produção de biocombustíveis, é importante seguir certas boas práticas e concentrar-se em aspectos fundamentais. Eis algumas dicas para maximizar as suas hipóteses de sucesso:

Escolher as matérias-primas correctas: Selecionar matérias-primas adequadas à sua região e infraestrutura. Por exemplo, o milho e a cana-de-açúcar são matérias-primas comuns para o bioetanol, enquanto a soja e a colza são normalmente utilizadas para o biodiesel.

Otimização dos processos de produção: Investir em tecnologias modernas e eficientes para otimizar os processos de produção de biocombustíveis. Isto inclui a utilização de enzimas específicas para a sacarificação, catalisadores eficientes para a transesterificação e digestores anaeróbios de alto desempenho para a produção de biogás.

Cumprir as normas ambientais: Certifique-se de que cumpre todas as normas ambientais ao produzir biocombustíveis. A conformidade regulamentar é crucial para proteger o ambiente e manter a confiança dos consumidores.

Adotar práticas sustentáveis: Utilizar práticas de produção sustentáveis que minimizem o impacto ambiental. Por exemplo, reciclar os subprodutos da produção, utilizar matérias-primas renováveis e gerir de forma responsável os recursos hídricos e os solos.

Estudos de mercado: Antes de começar a produzir biocombustíveis, efectue estudos de mercado para compreender a procura e as tendências do mercado. Isto ajudá-lo-á a desenvolver produtos que satisfaçam as expectativas dos consumidores e a identificar oportunidades comerciais.

Inovar constantemente: Estar aberto à inovação e procurar constantemente melhorar os seus processos de produção e desenvolver novos produtos. A inovação é essencial para se manter competitivo e para responder às mudanças no mercado.

Colaboração com especialistas: Trabalhe com especialistas em biotecnologia, engenharia e agricultura para melhorar a qualidade dos seus produtos e otimizar os seus processos de produção. As parcerias com institutos de investigação e universidades também podem ser benéficas.

Foco na qualidade: A qualidade deve ser uma prioridade absoluta na produção de biocombustíveis. Os produtos de alta qualidade são essenciais para fidelizar os clientes e criar uma boa reputação.

Diversificação de produtos: Diversificar a gama de produtos para satisfazer diferentes segmentos de mercado. Ofereça biocombustíveis para diferentes aplicações, como o bioetanol para veículos, o biodiesel para motores a gasóleo e o biogás para a produção de eletricidade.

Utilizar tecnologias modernas: Investir em tecnologias modernas para melhorar a eficiência e a qualidade da produção de biocombustíveis. O equipamento moderno permite processos mais precisos e eficientes.

Estudos de casos de sucesso

Para ilustrar as possibilidades oferecidas pela produção de biocombustíveis, vejamos alguns casos de sucesso notáveis:

Usina de Bioetanol de Mato Grosso, Brasil: Esta usina utiliza a cana-de-açúcar para produzir bioetanol de alta qualidade. Ao investir nas mais modernas tecnologias de fermentação e destilação, a fábrica conseguiu otimizar a produção de bioetanol, reduzindo simultaneamente as emissões de gases com efeito de estufa. O bioetanol produzido é utilizado como aditivo para a gasolina, ajudando a reduzir a dependência dos combustíveis fósseis.

O Projeto de Biogás da Baviera, Alemanha: Este projeto comunitário converte resíduos de culturas e resíduos agrícolas em biogás, que é utilizado para produzir eletricidade e calor. Utilizando tecnologias avançadas de digestão anaeróbia, o projeto conseguiu recuperar os resíduos agrícolas, contribuindo simultaneamente para a produção de energia renovável. O projeto reduziu as emissões de metano e criou empregos locais na região.

Saskatchewan Biodiesel Cooperative, Canadá: Esta cooperativa converte o óleo de canola local em biodiesel de alta qualidade. Utilizando métodos de transesterificação eficientes e amigos do ambiente, a cooperativa conseguiu produzir biodiesel que é utilizado em motores diesel locais e exportado para mercados internacionais. O projeto melhorou os rendimentos dos agricultores membros e contribuiu para a sustentabilidade energética da região.

Estes exemplos mostram como a produção de biocombustíveis pode ser uma forma eficaz de melhorar os rendimentos agrícolas, criar produtos de alta qualidade e promover o desenvolvimento sustentável. Adoptando boas práticas e tirando partido das oportunidades de mercado, os agricultores e transformadores podem transformar as suas matérias-primas em biocombustíveis de forma rentável e sustentável.

Capítulo 10: Transformação em produtos cosméticos

A transformação de materiais agrícolas em produtos cosméticos é uma forma promissora de acrescentar valor às culturas e de diversificar as fontes de rendimento dos agricultores. Os produtos cosméticos, como cremes, loções e óleos essenciais, têm grande procura e oferecem oportunidades económicas significativas. Este capítulo explora as técnicas de transformação de materiais agrícolas em produtos cosméticos, os aspectos regulamentares e as perspectivas de mercado.

A importância da transformação em produtos cosméticos

A transformação em produtos cosméticos oferece uma série de vantagens para os agricultores e para a indústria agroalimentar:

Valor acrescentado: A transformação de materiais agrícolas em cosméticos acrescenta valor às matérias-primas, oferecendo margens de lucro mais elevadas.

Diversificação de rendimentos: Ao produzir cosméticos, os agricultores podem diversificar as suas fontes de rendimento, reduzindo a sua dependência de uma única cultura ou mercado.

Satisfazer a procura dos consumidores: A procura de cosméticos naturais e orgânicos está a crescer, criando oportunidades para produtos derivados de materiais agrícolas.

Promoção da sustentabilidade: Os cosméticos naturais e biológicos são frequentemente considerados mais respeitadores do ambiente, o que pode melhorar a reputação dos produtores e atrair consumidores preocupados com a sustentabilidade.

Técnicas de transformação de materiais agrícolas em produtos cosméticos

A transformação das matérias agrícolas em produtos cosméticos envolve várias etapas, desde a colheita das matérias-primas até à formulação dos produtos acabados. Eis um resumo das principais técnicas utilizadas:

Extração de óleos essenciais

Os óleos essenciais são extractos concentrados de plantas aromáticas, utilizados pelas suas propriedades terapêuticas e fragrância. Eis os principais métodos de extração:

Destilação a vapor: O método mais comum de extração de óleos essenciais. As plantas são expostas ao vapor, que liberta os óleos voláteis, que são depois condensados e separados da água.

Prensagem a frio: Utilizada principalmente para os citrinos. A casca da fruta é prensada mecanicamente para extrair os óleos essenciais.

Extração por solventes : Utilizada para plantas delicadas. O material vegetal é mergulhado num solvente (como o etanol) que dissolve os óleos essenciais. O solvente é então evaporado para deixar os óleos puros.

Extração supercrítica de CO2: Um método avançado que utiliza dióxido de carbono a alta pressão para extrair óleos essenciais sem calor. Isto preserva melhor os delicados compostos aromáticos.

Produção de óleos vegetais

Os óleos vegetais são utilizados em muitos produtos cosméticos pelas suas propriedades hidratantes e nutritivas. Eis as principais etapas da sua produção:

Colheita e secagem: As sementes oleaginosas ou os frutos são colhidos e secos para reduzir o seu teor de água.

Prensagem a frio: As sementes ou os frutos são prensados mecanicamente a frio para extrair o óleo. Este método preserva os nutrientes e as propriedades benéficas dos óleos.

Filtração: O óleo bruto é filtrado para remover as impurezas e obter um óleo límpido e puro.

Produção de cremes e loções

Os cremes e as loções são emulsões de óleo e água, muitas vezes enriquecidas com extractos de plantas e óleos essenciais. Eis como são fabricados:

Formulação: Desenvolvimento da fórmula através da mistura de óleos vegetais, água, emulsionantes e outros ingredientes activos.

Mistura e aquecimento: Os ingredientes são misturados e aquecidos para formar uma emulsão estável. A temperatura e o tempo de mistura são controlados para garantir uma textura uniforme.

Arrefecimento: A emulsão é arrefecida lentamente para estabilizar a textura e evitar a separação de fases.

Embalagem: Os cremes e as loções são embalados em frascos, tubos ou garrafas para venda.

Incorporação de extractos botânicos

Os extractos botânicos são adicionados aos produtos cosméticos pelas suas propriedades benéficas para a pele e o cabelo. Eis como são preparados e utilizados:

Extração: As plantas são mergulhadas num solvente (água, álcool, glicerina) para extrair os compostos activos.

Concentração: Os extractos são concentrados por evaporação do solvente, se necessário, para aumentar o teor de compostos activos.

Incorporação: Os extractos concentrados são adicionados às fórmulas de cremes, loções, champôs, etc., respeitando as dosagens recomendadas em termos de eficácia e segurança.

Regulamentos relativos aos produtos cosméticos

A produção e a comercialização de produtos cosméticos são estritamente regulamentadas para garantir a segurança dos consumidores e a qualidade dos produtos. Eis os principais aspectos regulamentares a ter em conta:

Ingredientes autorizados: Os regulamentos especificam os ingredientes autorizados e proibidos nos produtos cosméticos. É importante verificar a conformidade dos ingredientes utilizados nas fórmulas.

Rotulagem: Os produtos cosméticos devem ser corretamente rotulados, incluindo uma lista completa dos ingredientes, instruções de utilização, advertências e informações sobre o fabricante.

Testes de segurança: Os produtos cosméticos devem passar por testes de segurança para verificar se não provocam irritações, alergias ou outros efeitos indesejáveis. Estes testes incluem testes de estabilidade, testes de compatibilidade cutânea e testes microbiológicos.

Registo do produto: Em alguns países, os produtos cosméticos devem ser registados junto das autoridades reguladoras antes de poderem ser comercializados. Isto inclui a apresentação de dossiers que detalham a composição, os métodos de fabrico e os resultados dos testes de segurança.

Boas Práticas de Fabrico (BPF): Os fabricantes de cosméticos devem seguir as BPF para garantir a qualidade e a segurança do produto. Isto inclui o controlo de qualidade das matérias-primas, o controlo dos processos de produção e a documentação dos procedimentos.

Mercado dos cosméticos

O mercado dos cosméticos é vasto e está em constante evolução. Oferece grandes oportunidades aos produtores agrícolas que queiram começar a transformar matérias-primas em produtos de beleza. Eis algumas tendências e perspectivas do mercado:

Procura crescente de produtos naturais e orgânicos: Os consumidores estão cada vez mais conscientes da importância dos ingredientes naturais e orgânicos nos produtos cosméticos. Isto está a criar uma procura de produtos derivados de materiais agrícolas isentos de pesticidas e químicos.

Inovação e diversificação: As inovações nas formulações e nos processos de transformação oferecem oportunidades para desenvolver produtos cosméticos únicos e diferenciados. Os produtores podem diversificar a sua gama de produtos para satisfazer as diferentes necessidades dos consumidores.

Segmentação do mercado: O mercado dos cosméticos está segmentado em diferentes categorias, tais como cuidados com a pele, cuidados com o cabelo, maquilhagem, etc. Cada segmento oferece oportunidades específicas com base nas tendências e preferências dos consumidores. Cada segmento oferece oportunidades específicas com base nas tendências e preferências dos consumidores.

Canais de distribuição e venda: Os produtos cosméticos podem ser vendidos através de uma variedade de canais, incluindo lojas de retalho, farmácias, lojas em linha, salões de beleza, etc. Ao diversificar os canais de venda, é possível atingir um público mais vasto e otimizar as vendas.

Exportação: Os cosméticos naturais e orgânicos são muito procurados nos mercados internacionais. Os produtores podem explorar oportunidades de exportação para aumentar os seus rendimentos e alargar o seu alcance.

Conselhos práticos para uma transformação bem sucedida em produtos cosméticos

Para ter sucesso na transformação de materiais agrícolas em produtos cosméticos, é importante seguir algumas boas práticas e concentrar-se em aspectos-chave. Eis algumas dicas para maximizar as suas hipóteses de sucesso:

Investir na qualidade: A qualidade das matérias-primas e dos produtos acabados é essencial para o sucesso no mercado dos cosméticos. Utilize ingredientes de alta qualidade, siga as boas práticas de fabrico e efectue testes de segurança rigorosos.

Inovar e diferenciar: A inovação é crucial para se destacar num mercado competitivo. Desenvolver produtos únicos e diferenciados utilizando fórmulas inovadoras e incorporando ingredientes naturais e orgânicos.

Cumprir os regulamentos: Certifique-se de que cumpre todos os regulamentos locais e internacionais relativos a cosméticos. A conformidade regulamentar é essencial para garantir a segurança do consumidor e evitar problemas legais.

Estudos de mercado: Antes de lançar um novo produto, efectue estudos de mercado para compreender as tendências, as necessidades e as preferências dos consumidores. Isto ajudá-lo-á a desenvolver produtos que satisfaçam as expectativas do mercado.

Colaboração com especialistas: Trabalhe com especialistas em formulação, regulamentação e marketing de cosméticos para melhorar a qualidade dos seus produtos e otimizar os seus processos de produção. As parcerias com laboratórios de investigação e institutos de beleza também podem ser benéficas.

Marketing e comunicação: O marketing e a comunicação são essenciais para o sucesso no mercado dos cosméticos. Desenvolva uma estratégia de marketing eficaz para promover os seus produtos e atrair consumidores. Utilize as redes sociais, campanhas publicitárias e eventos de beleza para aumentar a visibilidade da sua marca.

Utilizar tecnologias modernas: Investir em tecnologias modernas para melhorar a eficiência e a qualidade da produção. O equipamento moderno permite processos mais precisos e eficientes.

Diversificação dos produtos: diversifique a sua gama de produtos para responder a diferentes segmentos de mercado. Ofereça produtos para diferentes aplicações, como cuidados com a pele, cuidados com o cabelo, maquilhagem, etc.

Apoiar a sustentabilidade: Adotar práticas de produção sustentáveis que minimizem o impacto ambiental. Utilize ingredientes renováveis, recicle os resíduos de produção e reduza a pegada de carbono das suas actividades.

Criar uma marca de confiança: A confiança dos consumidores é essencial no mercado dos cosméticos. Desenvolva uma marca de confiança, garantindo a qualidade, a segurança e a transparência dos seus produtos. Comunique abertamente sobre os ingredientes, os processos de fabrico e os benefícios dos seus produtos.

Estudos de casos de sucesso

Para ilustrar as possibilidades oferecidas pela transformação de matérias agrícolas em produtos cosméticos, vejamos alguns casos de sucesso notáveis:

L'Entreprise de Cosmétiques Naturels de Provence, França: Esta empresa utiliza plantas aromáticas locais, como a lavanda, o alecrim e o tomilho, para produzir óleos essenciais e cremes naturais. Ao privilegiar a qualidade dos seus ingredientes e a sustentabilidade das suas práticas de produção, a empresa conseguiu afirmar-se no mercado da cosmética natural. Os produtos são vendidos em lojas especializadas e na Internet, atraindo uma clientela preocupada com o ambiente.

La Coopérative de Beauté d'Argan, Marrocos: Esta cooperativa reúne mulheres rurais que colhem nozes de argão para produzir óleo de argão de alta qualidade. Utilizando métodos tradicionais de prensagem a frio, a cooperativa produz um óleo rico em nutrientes utilizado nos cuidados da pele e do cabelo. Os produtos da cooperativa são exportados para mercados internacionais, gerando rendimentos significativos para os membros e apoiando o desenvolvimento local.

La Marque de Soins Botaniques da Califórnia, EUA: Esta marca de cuidados da pele utiliza extractos botânicos da agricultura biológica para formular produtos de beleza inovadores. Ao incorporar tecnologias de formulação modernas e ao privilegiar a pureza dos ingredientes, a marca conseguiu atrair uma base de clientes fiéis. Os produtos são distribuídos em lojas de retalho de luxo e através de lojas online, com uma comunicação centrada na transparência e eficácia dos produtos.

Estes exemplos mostram como a transformação de matérias-primas agrícolas em produtos cosméticos pode ser uma forma eficaz de melhorar os rendimentos agrícolas, criar produtos de alta qualidade e promover o desenvolvimento sustentável. Adoptando boas práticas e tirando partido das oportunidades de mercado, os agricultores e os transformadores podem transformar as suas matérias-primas em produtos cosméticos de uma forma rentável e sustentável.

Capítulo 11: Transformação em produtos farmacêuticos

A transformação dos produtos agrícolas em princípios activos farmacêuticos (API) é um domínio de ponta que associa a agricultura e a ciência médica para produzir medicamentos e suplementos essenciais à saúde humana. Esta transformação exige um rigor científico e o respeito estrito das normas de qualidade para garantir a eficácia e a segurança dos produtos farmacêuticos. Este capítulo aborda os diferentes métodos de transformação dos produtos agrícolas em IFA, a importância das normas de qualidade e de produção e as perspectivas económicas desta transformação.

Importância do processamento farmacêutico

A transformação de produtos agrícolas em princípios activos farmacêuticos é crucial por várias razões:

Diversificação das fontes de rendimento: Permite aos agricultores diversificarem as suas fontes de rendimento através do fornecimento de matérias-primas à indústria farmacêutica.

Inovação e progresso médico: Os produtos agrícolas oferecem uma grande variedade de compostos bioactivos que podem ser utilizados para desenvolver novos medicamentos e tratamentos.

Promoção da saúde pública: Os ingredientes farmacêuticos activos derivados de plantas e de outros produtos agrícolas podem contribuir para a saúde pública, fornecendo alternativas naturais e eficazes aos medicamentos sintéticos.

Desenvolvimento sustentável: A utilização de recursos renováveis para produzir medicamentos contribui para a sustentabilidade ambiental e reduz a dependência dos combustíveis fósseis.

O processo de transformação farmacêutica

A transformação de produtos agrícolas em princípios activos farmacêuticos envolve várias etapas fundamentais, desde o cultivo de matérias-primas até à formulação de produtos acabados. Eis um resumo das principais etapas do processo:

Cultivo e colheita de matérias-primas

Seleção de plantas medicinais: As plantas medicinais são seleccionadas com base no seu teor de compostos bioactivos. A seleção inclui plantas como a dedaleira (fonte de digitalis), a papoila do ópio (fonte de morfina) e o ginseng (utilizado pelas suas propriedades adaptogénicas).

Condições óptimas de cultivo: As condições de cultivo, como o solo, o clima e as práticas agrícolas, são optimizadas para maximizar a concentração de compostos bioactivos. Isto pode incluir a utilização de métodos orgânicos para evitar resíduos de pesticidas.

Colhidas no momento certo : As plantas medicinais são colhidas no momento ideal para garantir o teor máximo de ingredientes activos. Por exemplo, algumas plantas são colhidas durante a floração, enquanto outras são colhidas quando as raízes ou as folhas são mais ricas em compostos activos.

Extração e purificação de compostos bioactivos

Extração: Os compostos bioactivos são extraídos das plantas utilizando solventes (água, álcool, éter) ou métodos mais avançados, como a extração supercrítica de CO2. O objetivo é obter um extrato concentrado que contenha os ingredientes activos.

Purificação: Os extractos brutos são purificados para isolar os ingredientes activos específicos. Este processo pode incluir técnicas como a cromatografia em coluna, a destilação e a recristalização. A purificação é essencial para eliminar as impurezas e as substâncias indesejáveis.

Identificação e quantificação: Os ingredientes activos purificados são identificados e quantificados utilizando técnicas analíticas como a cromatografia líquida de alta eficiência (HPLC) e a espetrometria de massa. Estas técnicas garantem a pureza e a concentração dos princípios activos.

Formulação de produtos farmacêuticos

Desenvolvimento de formulações: Os ingredientes activos são incorporados em formulações adequadas para a sua administração. Isto pode incluir a formulação de comprimidos, cápsulas, soluções injectáveis, cremes ou xaropes.

Testes de estabilidade: As formulações são submetidas a testes de estabilidade para garantir que mantêm a sua eficácia e segurança durante o prazo de validade. Isto inclui testes em diferentes condições de temperatura, humidade e luz.

Controlo de qualidade: Cada lote de produção é submetido a rigorosos controlos de qualidade para verificar a conformidade com as especificações de pureza, concentração e segurança. Os testes incluem a verificação da ausência de contaminantes microbianos e substâncias tóxicas.

Importância das normas de qualidade e produção

As normas de qualidade e de produção são aspectos cruciais na transformação de produtos agrícolas em princípios activos farmacêuticos. Eis porque é que são tão importantes:

Segurança dos doentes : A segurança dos doentes é a principal prioridade. Os medicamentos devem estar isentos de contaminantes e impurezas que possam causar efeitos adversos.

Eficácia terapêutica: Os princípios activos devem estar presentes em concentrações adequadas para garantir a eficácia terapêutica dos medicamentos. Concentrações incorrectas podem tornar o medicamento ineficaz ou perigoso.

Conformidade regulamentar: Os medicamentos devem cumprir os regulamentos rigorosos impostos pelas autoridades de saúde, como a FDA (Food and Drug Administration) nos Estados Unidos e a EMA

(European Medicines Agency) na Europa. A conformidade regulamentar é essencial para obter a autorização de comercialização.

Reputação e confiança: A qualidade dos produtos farmacêuticos é essencial para manter a reputação dos fabricantes e a confiança dos consumidores e dos profissionais de saúde.

Boas Práticas de Fabrico (BPF)

As Boas Práticas de Fabrico (BPF) são um conjunto de directrizes que abrangem todos os aspectos da produção farmacêutica, desde o cultivo de matérias-primas até ao fabrico e embalagem de produtos acabados. Eis alguns dos principais aspectos das BPF:

Documentação rigorosa: Todas as fases da produção devem ser documentadas com exatidão para garantir a rastreabilidade e o cumprimento das normas de qualidade.

Formação do pessoal: O pessoal deve receber formação sobre as BPF e os procedimentos específicos da empresa para garantir operações consistentes e de alta qualidade.

Controlo das instalações: As instalações de produção devem ser concebidas e mantidas de modo a minimizar o risco de contaminação e a assegurar um ambiente de produção limpo e controlado.

Controlo das matérias-primas: As matérias-primas devem ser inspeccionadas e testadas para garantir que cumprem as especificações antes de serem utilizadas na produção.

Verificação e validação: Os processos de produção devem ser verificados e validados para garantir que produzem consistentemente produtos que cumprem as especificações de qualidade.

Regulamentação dos produtos farmacêuticos

Os produtos farmacêuticos estão sujeitos a uma regulamentação rigorosa para garantir a sua segurança, eficácia e qualidade. Eis alguns aspectos essenciais da regulamentação dos produtos farmacêuticos:

Autorização de introdução no mercado: Os medicamentos devem obter uma autorização de introdução no mercado (AIM) emitida pelas autoridades sanitárias competentes. Esta autorização baseia-se em dados pré-clínicos e clínicos que demonstram a segurança e a eficácia do medicamento.

Farmacovigilância: Os fabricantes devem monitorizar a segurança dos medicamentos após a sua colocação no mercado e comunicar quaisquer efeitos adversos às autoridades de saúde. A farmacovigilância é essencial para identificar e gerir os riscos associados aos medicamentos.

Boas Práticas de Distribuição (BPD): As BPD são directrizes que abrangem a distribuição de medicamentos para garantir que estes são armazenados e transportados em condições adequadas para manter a sua qualidade.

Auditoria e inspeção: As autoridades sanitárias podem realizar auditorias e inspecções às instalações de produção para verificar a conformidade com as BPF e outros requisitos regulamentares.

Perspectivas económicas para a transformação de produtos farmacêuticos

A transformação de produtos agrícolas em princípios activos farmacêuticos oferece perspectivas económicas promissoras para os agricultores, os transformadores e a indústria farmacêutica. Eis algumas das principais oportunidades económicas:

Criação de valor acrescentado: A transformação de matérias-primas agrícolas em API acrescenta um valor significativo aos produtos em bruto, aumentando as margens de lucro e os rendimentos dos agricultores e dos transformadores.

Acesso a mercados internacionais: os APIs derivados de produtos agrícolas podem ser exportados para mercados internacionais, oferecendo oportunidades de crescimento e diversificação de rendimentos.

Desenvolvimento de novos produtos: A inovação na transformação de produtos agrícolas em APIs permite o desenvolvimento de novos medicamentos e tratamentos, satisfazendo necessidades médicas não satisfeitas e abrindo novas oportunidades comerciais.

Apoio ao desenvolvimento rural: A produção e transformação de plantas medicinais em IFAs pode estimular o desenvolvimento económico nas zonas rurais, criando emprego e melhorando as infra-estruturas locais.

Parcerias e colaborações: Os agricultores e os transformadores podem colaborar com empresas farmacêuticas, institutos de investigação e universidades para desenvolver processos de transformação avançados e produtos inovadores.

Dicas práticas para um processamento farmacêutico bem-sucedido

Para ter êxito na transformação de produtos agrícolas em princípios activos farmacêuticos, é importante seguir certas boas práticas e concentrar-se em aspectos fundamentais. Eis algumas dicas para maximizar as suas hipóteses de sucesso:

Investir em Investigação e Desenvolvimento (I&D): A I&D é essencial para a descoberta de novos compostos bioactivos e para o desenvolvimento de processos de transformação eficientes. Invista em projectos de I&D para se manter na vanguarda da inovação.

Colaboração com especialistas: Trabalhe com especialistas em farmacologia, química analítica e biotecnologia para melhorar a qualidade dos seus produtos e otimizar os seus processos de produção. As parcerias com institutos de investigação e universidades também podem ser benéficas.

Utilizar matérias-primas de qualidade: A qualidade das matérias-primas tem uma influência direta na qualidade dos IFAs. Certifique-se de que as plantas medicinais são cultivadas em condições óptimas e estão isentas de contaminantes.

Cumprir as normas de segurança e qualidade: Certifique-se de que cumpre todas as normas de segurança e qualidade ao produzir APIs. A conformidade regulamentar é crucial para garantir a segurança dos doentes e obter a autorização de comercialização.

Adotar práticas sustentáveis: Utilizar práticas sustentáveis de cultivo e transformação que minimizem o impacto ambiental. Isto inclui a utilização de métodos orgânicos, a gestão responsável dos recursos e a redução dos resíduos.

Estudos de mercado: Antes de lançar um novo produto farmacêutico, efectue estudos de mercado para compreender as necessidades e tendências do mercado. Isto ajudá-lo-á a desenvolver produtos que satisfaçam as expectativas dos consumidores e dos profissionais de saúde.

Inovar constantemente: Estar aberto à inovação e procurar constantemente melhorar os seus produtos e processos de produção. A inovação é essencial para se manter competitivo e para responder às mudanças no mercado.

Foco na qualidade: A qualidade deve ser uma prioridade absoluta na produção de IPAs. Os produtos de alta qualidade são essenciais para fidelizar os clientes e criar uma boa reputação.

Diversificação de produtos: Diversifique a sua gama de produtos para responder a diferentes segmentos de mercado. Ofereça APIs para diferentes aplicações terapêuticas, como medicamentos, suplementos alimentares e produtos naturais para a saúde.

Utilizar tecnologias modernas: Investir em tecnologias modernas para melhorar a eficiência e a qualidade da produção. O equipamento moderno permite processos mais precisos e eficientes.

Estudos de casos de sucesso

Para ilustrar as possibilidades oferecidas pela transformação de produtos agrícolas em princípios activos farmacêuticos, vejamos alguns casos de sucesso notáveis:

L'Entreprise de Phytopharmacie de Madagascar : Esta empresa utiliza plantas medicinais locais para produzir ingredientes farmacêuticos activos utilizados em tratamentos contra a malária, infecções e doenças inflamatórias. Ao colaborar com institutos de investigação locais e internacionais, a empresa conseguiu desenvolver processos avançados de extração e purificação, garantindo a qualidade e a eficácia dos IFAs.

A Cooperativa Sul-Coreana de Ginseng: Esta cooperativa reúne agricultores especializados no cultivo do ginseng, uma planta medicinal utilizada pelas suas propriedades adaptogénicas e imunoestimulantes. Utilizando métodos de cultivo biológicos e investindo em tecnologias de transformação modernas, a cooperativa produz extractos de ginseng de alta qualidade utilizados em suplementos alimentares e medicamentos.

Fábrica de processamento de morfina na Índia: Esta fábrica converte papoilas de ópio em morfina, um ingrediente farmacêutico ativo utilizado no tratamento da dor. Cumprindo rigorosas normas de segurança e qualidade, a fábrica produz morfina pura, que é utilizada em hospitais e clínicas de todo o mundo.

Estes exemplos mostram como a transformação de produtos agrícolas em ingredientes farmacêuticos activos pode ser uma forma eficaz de melhorar os rendimentos agrícolas, criar produtos de alta qualidade e promover o desenvolvimento sustentável. Adoptando boas práticas e tirando partido das oportunidades de mercado, os agricultores e os transformadores podem transformar as suas matérias-primas em princípios activos farmacêuticos de uma forma rentável e sustentável.

Capítulo 12: Conversão em biodiesel e bioetanol

A conversão de culturas específicas em biocombustíveis, como o biodiesel e o bioetanol, representa um grande passo em frente na procura de fontes de energia renováveis e sustentáveis. Estes biocombustíveis oferecem uma alternativa ecológica aos combustíveis fósseis, reduzindo a pegada de carbono e melhorando a segurança energética. Este capítulo explora em pormenor os processos de produção de biodiesel e bioetanol, as suas aplicações e os benefícios ambientais associados.

Importância dos biocombustíveis

Os biocombustíveis desempenham um papel crucial na transição para fontes de energia mais sustentáveis. Eis porque são importantes:

Redução das emissões de gases com efeito de estufa: Os biocombustíveis emitem menos CO2 e poluentes do que os combustíveis fósseis, ajudando a combater as alterações climáticas.

Segurança energética: Ao diversificar as fontes de energia, os biocombustíveis reduzem a dependência das importações de petróleo e aumentam a segurança energética.

Desenvolvimento rural: A produção de biocombustíveis pode estimular o desenvolvimento económico rural através da criação de emprego e de rendimentos adicionais para os agricultores.

Utilização de resíduos : Os biocombustíveis permitem a reciclagem de resíduos de culturas e de resíduos agrícolas, reduzindo assim a poluição e os resíduos.

Processos de produção de biodiesel

O biodiesel é um combustível renovável produzido a partir de óleos vegetais ou gorduras animais. Eis as principais etapas da sua produção:

Matérias-primas

As matérias-primas normalmente utilizadas na produção de biodiesel incluem :

Óleos vegetais: soja, colza, girassol, palma.

Gorduras animais: Gorduras de bovinos, suínos e aves de capoeira.

Óleos usados: óleos alimentares usados provenientes de restaurantes e da indústria alimentar.

Pré-tratamento do óleo

Filtração: Os óleos e as gorduras são filtrados para remover as impurezas sólidas.

Neutralização: Os ácidos gordos livres presentes nos óleos podem ser neutralizados pela adição de uma base, reduzindo o risco de formação de sabão durante a transesterificação.

Transesterificação

A transesterificação é o processo químico central na produção de biodiesel. Consiste na conversão de triglicéridos (componentes de óleos e gorduras) em ésteres metílicos (biodiesel) e glicerol. Eis as principais etapas:

Mistura dos reagentes : Os óleos filtrados são misturados com metanol e um catalisador (frequentemente hidróxido de sódio ou de potássio).

Reação: A mistura é aquecida a uma temperatura controlada (cerca de 60°C) e agitada para permitir a ocorrência da reação de transesterificação. Esta reação demora geralmente 1 a 2 horas.

Separação: Após a reação, a mistura é deixada em repouso para permitir a separação das fases. O biodiesel menos denso flutua em cima do glicerol.

Purificação: O biodiesel bruto é lavado com água para remover os resíduos do catalisador, o metanol e os sabões. De seguida, é seco para remover qualquer água residual.

Aplicações de biodiesel

O biodiesel pode ser utilizado numa série de aplicações, incluindo :

Transporte: Utilizado como combustível para veículos com motores diesel, puro (B100) ou misturado com diesel fóssil (B20, B5).

Aquecimento: Utilizado como combustível para caldeiras de aquecimento doméstico e industrial.

Geração de eletricidade: Utilizado em geradores a diesel para produzir eletricidade, especialmente em zonas rurais e isoladas.

Benefícios ecológicos do biodiesel

Redução das emissões: O biodiesel reduz as emissões de CO2, partículas finas, enxofre e hidrocarbonetos aromáticos policíclicos (HAP).

Biodegradabilidade: O biodiesel é biodegradável e não tóxico, o que reduz o risco de poluição em caso de derrame.

Utilização de resíduos : A produção de biodiesel a partir de óleo usado permite a reciclagem de resíduos e a redução do seu impacto ambiental.

Processos de produção de bioetanol

O bioetanol é um biocombustível líquido produzido através da fermentação de açúcares presentes na matéria vegetal. Apresentamos de seguida as principais etapas da sua produção:

Matérias-primas

As matérias-primas habitualmente utilizadas para a produção de bioetanol incluem :

Culturas ricas em açúcar: cana-de-açúcar, beterraba sacarina.

Culturas ricas em amido: milho, trigo, sorgo.

Biomassa lignocelulósica: resíduos de madeira, palha, caules de milho.

Pré-tratamento de matérias-primas

Moagem e trituração: Os grãos são moídos para libertar o amido, enquanto as plantas açucareiras são prensadas para extrair o sumo rico em açúcar.

Hidrólise: No caso dos materiais lignocelulósicos, é necessário um pré-tratamento químico ou enzimático para decompor a celulose e a hemicelulose em açúcares fermentáveis.

Sacarificação e Fermentação

Sacarificação: O amido é hidrolisado em açúcares fermentáveis (glucose) através de enzimas específicas (amilases).

Fermentação: Os açúcares fermentáveis são convertidos em etanol e dióxido de carbono pelas leveduras. A fermentação dura geralmente 24 a 48 horas.

Destilação e desidratação

Destilação: A mistura fermentada (cerveja) é destilada para separar o etanol dos outros componentes. O etanol bruto obtido é geralmente 95% puro.

Desidratação: O etanol bruto é desidratado para remover a água remanescente, produzindo etanol anidro (99,5% de pureza).

Aplicações de bioetanol

O bioetanol pode ser utilizado numa série de aplicações, incluindo :

Combustível para veículos: Utilizado como aditivo à gasolina (E10, E85) ou como combustível puro (E100) para motores de combustão interna modificados.

Indústria química: Utilizado como solvente e como matéria-prima na produção de produtos químicos.

Produção de eletricidade: Utilizado em turbinas de combustão para produzir eletricidade.

Os benefícios ambientais do bioetanol

Redução das emissões: O bioetanol reduz as emissões de CO2, monóxido de carbono e compostos orgânicos voláteis (COV).

Renovabilidade: O bioetanol é produzido a partir de matérias-primas renováveis, o que contribui para a sustentabilidade dos recursos energéticos.

Utilização de resíduos: A produção de bioetanol a partir de biomassa lignocelulósica aproveita ao máximo os resíduos agrícolas e florestais, reduzindo assim os resíduos e o seu impacto ambiental.

Perspectivas económicas e desenvolvimento sustentável

A produção de biodiesel e bioetanol oferece perspectivas económicas promissoras e contribui para o desenvolvimento sustentável. Eis algumas das principais perspectivas económicas e benefícios em termos de sustentabilidade:

Criação de emprego: A produção de biocombustíveis cria emprego nas zonas rurais, desde o cultivo das matérias-primas até à transformação e distribuição dos produtos acabados.

Diversificação dos rendimentos agrícolas: Os biocombustíveis oferecem uma nova fonte de rendimento aos agricultores, permitindo-lhes diversificar as suas actividades e estabilizar os seus rendimentos.

Atração de investimento: O sector dos biocombustíveis atrai investimentos em infra-estruturas, tecnologia e projectos de investigação e desenvolvimento. Isto estimula o desenvolvimento económico local e regional.

Apoio à economia circular: A produção de biocombustíveis apoia a economia circular através da recuperação de resíduos e detritos agrícolas, reduzindo assim a pressão sobre os recursos naturais e minimizando os resíduos.

Contribuições para os Objectivos de Desenvolvimento Sustentável (ODS): A produção e utilização de biocombustíveis contribuem para uma série de ODS, incluindo os relacionados com energia limpa e acessível, trabalho digno e crescimento económico, combate às alterações climáticas e gestão sustentável dos recursos.

Conselhos práticos para uma produção bem sucedida de biocombustíveis

Para ter sucesso na produção de biodiesel e bioetanol, é importante seguir algumas boas práticas e concentrar-se em aspectos fundamentais. Eis algumas dicas para maximizar as suas hipóteses de sucesso:

Seleção das matérias-primas correctas: Escolha matérias-primas adequadas à sua região e infraestrutura. Por exemplo, o milho e a cana-de-açúcar são ideais para o bioetanol, enquanto a soja e a colza são adequadas para o biodiesel.

Otimização dos processos de produção: Investir em tecnologias modernas e eficientes para otimizar os processos de produção de biocombustíveis. Isto inclui a utilização de enzimas específicas para a sacarificação, catalisadores eficientes para a transesterificação e tecnologias avançadas para a destilação e desidratação.

Cumprir as normas ambientais: Certifique-se de que cumpre todas as normas ambientais ao produzir biocombustíveis. A conformidade regulamentar é crucial para proteger o ambiente e manter a confiança dos consumidores.

Adotar práticas sustentáveis: Utilizar práticas de produção sustentáveis que minimizem o impacto ambiental. Isto inclui a reciclagem dos subprodutos da produção, a utilização de matérias-primas renováveis e a gestão responsável dos recursos hídricos e do solo.

Estudos de mercado: Antes de começar a produzir biocombustíveis, efectue estudos de mercado para compreender a procura e as tendências do mercado. Isto ajudá-lo-á a desenvolver produtos que satisfaçam as expectativas dos consumidores e a identificar oportunidades comerciais.

Inovar constantemente: Estar aberto à inovação e procurar constantemente melhorar os seus processos de produção e desenvolver novos produtos. A inovação é essencial para se manter competitivo e para responder às mudanças no mercado.

Colaboração com especialistas: Trabalhe com especialistas em biotecnologia, engenharia e agricultura para melhorar a qualidade dos seus produtos e otimizar os seus processos de produção. As parcerias com institutos de investigação e universidades também podem ser benéficas.

Foco na qualidade: A qualidade deve ser uma prioridade absoluta na produção de biocombustíveis. Os produtos de alta qualidade são essenciais para fidelizar os clientes e criar uma boa reputação.

Diversificação de produtos: Diversifique a sua gama de produtos para satisfazer as necessidades de diferentes segmentos de mercado. Ofereça biocombustíveis para diferentes aplicações, tais como biodiesel para motores a diesel, bioetanol para motores a gasolina e resíduos de produção para a produção de eletricidade.

Utilizar tecnologias modernas: Investir em tecnologias modernas para melhorar a eficiência e a qualidade da produção de biocombustíveis. O equipamento moderno permite processos mais precisos e eficientes.

Estudos de casos de sucesso

Para ilustrar as possibilidades oferecidas pela produção de biodiesel e bioetanol, vejamos alguns casos de sucesso notáveis:

Fábrica de Biodiesel da Baviera, Alemanha: Esta fábrica utiliza óleo de colza local para produzir biodiesel de alta qualidade. Ao investir em tecnologias avançadas de transesterificação e ao cumprir normas ambientais rigorosas, a fábrica conseguiu otimizar a produção de biodiesel, reduzindo simultaneamente as emissões de gases com efeito de estufa. O biodiesel produzido é utilizado em veículos a gasóleo locais e exportado para mercados internacionais.

O Projeto de Bioetanol de São Paulo, Brasil: Este projeto utiliza a cana-de-açúcar para produzir bioetanol de alta qualidade. Utilizando as mais modernas tecnologias de fermentação e destilação, o projeto conseguiu otimizar a produção de bioetanol e reduzir as emissões de gases com efeito de estufa. O bioetanol produzido é utilizado como aditivo para a gasolina, ajudando a reduzir a dependência dos combustíveis fósseis.

The Saskatchewan Biofuels Co-operative, Canadá: Esta cooperativa transforma o óleo de canola local em biodiesel de alta qualidade. Utilizando métodos de transesterificação eficientes e respeitadores do ambiente, a cooperativa conseguiu produzir biodiesel que é utilizado em motores diesel locais e exportado para mercados internacionais. O projeto melhorou os rendimentos dos agricultores membros e contribuiu para a sustentabilidade energética da região.

Estes exemplos mostram como a produção de biodiesel e bioetanol pode ser uma forma eficaz de melhorar os rendimentos agrícolas, criar produtos de alta qualidade e promover o desenvolvimento sustentável. Adoptando boas práticas e tirando partido das oportunidades de mercado, os agricultores e transformadores podem transformar as suas matérias-primas em biocombustíveis de uma forma rentável e sustentável.

Capítulo 13: A transformação do amido

O amido, um hidrato de carbono complexo presente em muitas culturas, como o milho, a batata, o arroz e a mandioca, é uma matéria-prima essencial para uma variedade de produtos industriais. O amido pode ser transformado para criar uma multiplicidade de produtos utilizados nos sectores alimentar e não alimentar. Este capítulo explora os métodos de transformação do amido, as aplicações industriais e os benefícios económicos e ecológicos da transformação do amido.

Importância do processamento do amido

O amido é um recurso renovável e versátil que oferece uma série de benefícios económicos e ambientais. Eis porque é que o processamento do amido é importante:

Valor acrescentado: A transformação do amido acrescenta valor às culturas agrícolas, aumentando o rendimento dos agricultores e das indústrias transformadoras.

Diversificação dos produtos: Os produtos derivados do amido são utilizados numa grande variedade de sectores, desde o alimentar ao químico, ao têxtil e ao farmacêutico.

Apoio à sustentabilidade: A utilização do amido como matéria-prima renovável contribui para a sustentabilidade ambiental ao reduzir a dependência dos combustíveis fósseis.

Aplicações inovadoras: O processamento do amido permite o desenvolvimento de produtos inovadores, como os bioplásticos, que satisfazem os requisitos de sustentabilidade e desempenho.

Métodos de processamento do amido

A transformação do amido em produtos industriais envolve vários processos químicos e físicos. Apresentamos de seguida os principais métodos de transformação do amido:

Hidrólise enzimática

A hidrólise enzimática é um método comum de conversão do amido em açúcares simples, como a glucose, a frutose e a maltose. Este processo utiliza enzimas específicas para quebrar as ligações glicosídicas do amido. Eis as principais etapas:

Pré-tratamento : O amido bruto é dissolvido em água para formar uma suspensão.

Hidrólise liquefeita: são adicionadas enzimas alfa-amilase para liquefazer o amido, transformando-o em dextrinas.

Sacarificação: As enzimas glucoamilase ou isomerase são adicionadas para converter as dextrinas em açúcares simples, como a glucose e a frutose.

Purificação: Os açúcares hidrolisados são purificados por filtração e evaporação para obter xaropes de elevada pureza.

Modificação física e química

O amido pode ser modificado física ou quimicamente para melhorar as suas propriedades funcionais. Eis alguns métodos comuns:

Gelatinização: O amido é aquecido na presença de água, o que provoca a rutura dos grânulos de amido e a libertação das moléculas de amido para a solução. Este processo é utilizado para melhorar a solubilidade e a viscosidade do amido.

Reação com ácidos ou bases: O amido é tratado com ácidos ou bases para criar amidos modificados, como o amido oxidado ou o amido acetilado. Estas modificações alteram as propriedades do amido, como a estabilidade à congelação-descongelação e a resistência à retrogradação.

Eterificação e esterificação: O amido reage com agentes eterificantes ou esterificantes para produzir derivados de amido, como o hidroxipropilamido e o amido fosfatado. Estes derivados têm propriedades únicas, tais como uma melhor capacidade de ligação à água e uma melhor resistência ao calor.

Degradação térmica

A degradação térmica é um método de transformação do amido que utiliza o calor para decompor as moléculas de amido em compostos mais simples. Este processo é normalmente utilizado para produzir amidos resistentes e produtos de pirólise. Eis as principais etapas:

Tratamento térmico: O amido é aquecido a temperaturas elevadas (geralmente entre 150 e 200°C) na ausência de água. Este tratamento provoca a decomposição térmica do amido.

Formação de produtos de degradação: A degradação térmica produz compostos mais simples, como as dextrinas e as maltodextrinas, que têm propriedades funcionais diferentes das do amido nativo.

Fermentação

A fermentação é um método biológico de transformação do amido em produtos fermentados, como o etanol, o ácido lático e os aminoácidos. Eis as principais etapas:

Sacarificação: O amido é hidrolisado em açúcares fermentáveis por enzimas.

Fermentação: Os açúcares fermentáveis são convertidos em produtos fermentados por microrganismos como as leveduras e as bactérias. Por exemplo, a levedura converte a glucose em etanol e dióxido de carbono.

Recuperação de produtos: Os produtos fermentados são separados e purificados para obter os produtos finais, como o etanol puro e o ácido lático.

Aplicações do amido transformado

O amido transformado é utilizado numa grande variedade de sectores industriais, cada um com aplicações específicas. Eis apenas alguns exemplos de aplicações do amido transformado:

Sector alimentar

Espessantes e gelificantes: Os amidos modificados são utilizados como espessantes e agentes gelificantes em sopas, molhos, sobremesas e produtos lácteos. Melhoram a textura e a estabilidade dos alimentos.

Xarope de glucose: O xarope de glucose, produzido pela hidrólise enzimática do amido, é utilizado como adoçante em produtos de confeitaria, bebidas e produtos de panificação.

Amidos resistentes: Os amidos resistentes, produzidos por degradação térmica ou modificação química, são utilizados como fibra alimentar para melhorar a saúde digestiva e controlar os níveis de açúcar no sangue.

Sector não alimentar

Bioplásticos: Os amidos modificados são utilizados para fabricar bioplásticos, materiais biodegradáveis utilizados em embalagens, sacos e utensílios descartáveis. Os bioplásticos à base de amido ajudam a reduzir os resíduos de plástico.

Adesivos: Os amidos modificados são utilizados como aglutinantes em colas industriais, colas para papel e cartão e colas para aglomerados de partículas. Oferecem uma forte adesão e são amigos do ambiente.

Produtos farmacêuticos: O amido é utilizado como excipiente em comprimidos e cápsulas para melhorar a consistência, a dissolução e a libertação de ingredientes activos. Os derivados do amido, como as ciclodextrinas, são utilizados para aumentar a solubilidade e a estabilidade dos medicamentos.

Têxteis: Os amidos modificados são utilizados na indústria têxtil como agentes de colagem para melhorar a resistência dos fios durante a tecelagem. São também utilizados como agentes de acabamento para melhorar a textura e a durabilidade dos tecidos.

Benefícios económicos e ecológicos

A transformação do amido em produtos industriais oferece uma série de vantagens económicas e ecológicas:

Criação de valor acrescentado: A transformação do amido acrescenta valor às culturas agrícolas, aumentando o rendimento dos agricultores e das indústrias transformadoras.

Desenvolvimento rural: A produção e a transformação de amido podem estimular o desenvolvimento económico nas zonas rurais, através da criação de emprego e da melhoria das infra-estruturas locais.

Apoio à sustentabilidade: A utilização do amido como matéria-prima renovável contribui para a sustentabilidade ambiental, reduzindo a dependência de recursos fósseis e minimizando os resíduos.

Redução de resíduos: A transformação do amido permite a reciclagem de resíduos e detritos agrícolas, reduzindo o impacto ambiental e promovendo uma economia circular.

Conselhos práticos para um processamento de amido bem sucedido

Para ter sucesso na transformação do amido em produtos industriais, é importante seguir certas boas práticas e concentrar-se em aspectos-chave. Eis algumas dicas para maximizar as suas hipóteses de sucesso:

Seleção das matérias-primas certas: Escolha culturas ricas em amido, adequadas à sua região e infra-estruturas. Por exemplo, o milho e a batata são ideais para a produção de amido.

Otimização dos processos de produção: Investir em tecnologias modernas e eficientes para otimizar os processos de transformação do amido. Isto inclui a utilização de enzimas específicas para hidrólise, reactores químicos para modificação e fermentadores para a produção de produtos fermentados.

Cumprir as normas de qualidade: Certifique-se de que cumpre todas as normas de qualidade ao produzir produtos derivados de amido. A conformidade regulamentar é crucial para garantir a segurança do consumidor e a confiança do cliente.

Adotar práticas sustentáveis: Utilizar práticas de produção sustentáveis que minimizem o impacto ambiental. Isto inclui a reciclagem dos subprodutos da produção, a utilização de matérias-primas renováveis e a gestão responsável dos recursos hídricos e do solo.

Estudos de mercado: Antes de lançar a produção de novos produtos derivados do amido, efectue estudos de mercado para compreender a procura e as tendências do mercado. Isto ajudá-lo-á a desenvolver produtos que satisfaçam as expectativas dos consumidores e a identificar oportunidades comerciais.

Inovar constantemente: Estar aberto à inovação e procurar constantemente melhorar os seus processos de produção e desenvolver novos produtos. A inovação é essencial para se manter competitivo e para responder às mudanças no mercado.

Colaboração com especialistas: Trabalhe com especialistas em química, biotecnologia e engenharia para melhorar a qualidade dos seus produtos e otimizar os seus processos de produção. As parcerias com institutos de investigação e universidades também podem ser benéficas.

Foco na qualidade: A qualidade deve ser uma prioridade absoluta na produção de produtos derivados do amido. Os produtos de alta qualidade são essenciais para a fidelização dos clientes e para uma boa reputação.

Diversificação de produtos: Diversifique a sua gama de produtos para satisfazer as necessidades de diferentes segmentos de mercado. Ofereça produtos derivados do amido para diferentes aplicações, tais como espessantes alimentares, bioplásticos e adesivos industriais.

Utilizar tecnologias modernas: Investir em tecnologias modernas para melhorar a eficiência e a qualidade da produção. O equipamento moderno permite processos mais precisos e eficientes.

Estudos de casos de sucesso

Para ilustrar as possibilidades oferecidas pela transformação do amido, vejamos alguns casos de sucesso notáveis:

Fábrica de transformação de amido de milho em Illinois, EUA: Esta fábrica utiliza milho local para produzir uma gama de produtos derivados do amido, incluindo xaropes de glucose, amidos modificados e bioplásticos. Ao investir em tecnologias de processamento avançadas e ao cumprir normas de qualidade rigorosas, a fábrica conseguiu otimizar a produção e reduzir as emissões de gases com efeito de estufa. Os produtos derivados da fábrica são utilizados nos sectores alimentar e industrial em todo o mundo.

O Projeto de Transformação de Mandioca na Nigéria: Este projeto de base comunitária transforma a mandioca local em amido e subprodutos como a fécula de mandioca e os bioplásticos. Ao utilizar métodos de transformação sustentáveis e ao investir em equipamento moderno, o projeto conseguiu criar postos de trabalho e gerar rendimentos adicionais para os agricultores locais. Os subprodutos são vendidos nos mercados locais e internacionais, contribuindo para o desenvolvimento económico da região.

La Coopérative de Transformation d'Amidon de Pomme de Terre en France: Esta cooperativa reúne agricultores especializados na cultura da batata. Transforma a batata em amido de alta qualidade, utilizado nos sectores alimentar e não alimentar. Através da utilização de métodos de transformação respeitadores do ambiente e do cumprimento de normas de qualidade rigorosas, a cooperativa conseguiu aumentar o valor acrescentado da produção de batata e diversificar o rendimento dos agricultores membros.

Estes exemplos mostram como a transformação do amido em produtos industriais pode ser uma forma eficaz de melhorar os rendimentos agrícolas, criar produtos de alta qualidade e promover o desenvolvimento sustentável. Através da adoção de boas práticas e do aproveitamento das oportunidades de mercado, os agricultores e os transformadores podem transformar as suas matérias-primas em produtos derivados do amido de uma forma rentável e sustentável.

Capítulo 14: Transformação por hidrólise enzimática

A hidrólise enzimática é um método eficaz e amigo do ambiente para transformar materiais agrícolas numa variedade de produtos químicos. Utilizando enzimas específicas, este processo decompõe biopolímeros complexos em compostos mais simples, que podem depois ser utilizados numa variedade de aplicações industriais. Este capítulo explora as técnicas de hidrólise enzimática, as aplicações desta tecnologia e os benefícios que oferece.

Importância da hidrólise enzimática

A hidrólise enzimática tem uma série de vantagens que a tornam a tecnologia de eleição para o processamento de materiais agrícolas:

Eficiência e especificidade: As enzimas são catalisadores biológicos altamente eficientes e específicos, permitindo a hidrólise rápida e precisa de substratos.

Condições de Reação Moderadas: Ao contrário dos processos químicos tradicionais, a hidrólise enzimática ocorre a temperaturas e pressões moderadas, reduzindo os custos de energia e minimizando o impacto ambiental.

Segurança e ecologia: As enzimas são geralmente não tóxicas e biodegradáveis, tornando o processo mais seguro para os trabalhadores e menos poluente para o ambiente.

Qualidade do produto: A utilização de enzimas produz produtos de elevada pureza com propriedades específicas, satisfazendo os requisitos das indústrias alimentar, farmacêutica e química.

Técnicas de hidrólise enzimática

A hidrólise enzimática envolve a utilização de enzimas específicas para decompor biopolímeros complexos, como o amido, as proteínas e os lípidos, em compostos mais simples. Eis as principais etapas do processo:

Seleção de enzimas

Amilases: Utilizadas para hidrolisar o amido em açúcares simples, como a glucose e a maltose.

Proteases: Utilizadas para hidrolisar as proteínas em péptidos e aminoácidos.

Lipases: Utilizadas para hidrolisar os lípidos em ácidos gordos e glicerol.

Celulases: Utilizadas para hidrolisar a celulose em glucose.

Pré-tratamento de matérias-primas

Limpeza e trituração: Os materiais agrícolas (grãos, tubérculos, resíduos lignocelulósicos) são limpos para remover as impurezas e triturados para aumentar a área de superfície em contacto com as enzimas.

Hidratação: Os materiais moídos são misturados com água para formar uma suspensão, facilitando a ação das enzimas.

Hidrólise enzimática

Adição de enzimas: São adicionadas enzimas específicas à suspensão da matéria-prima. A concentração e o tipo de enzimas dependem do substrato a ser hidrolisado e do produto final desejado.

Condições de reação: A reação enzimática tem lugar a temperaturas moderadas (30-60°C) e a um pH ótimo para a enzima utilizada. O tempo de reação varia em função da enzima e do substrato, podendo ir de alguns minutos a várias horas.

Monitorização e controlo: Os parâmetros de reação (temperatura, pH, concentração de enzimas) são monitorizados e ajustados para garantir uma hidrólise eficiente e completa.

Separação e Purificação de Produtos

Filtração: A suspensão hidrolisada é filtrada para separar os produtos hidrolisados dos resíduos sólidos.

Evaporação e secagem: Os produtos filtrados são concentrados por evaporação e secos para obter pós ou xaropes de elevada pureza.

Purificação adicional: Se necessário, são utilizadas etapas de purificação adicionais, como a cromatografia ou a cristalização, para obter produtos de pureza ainda mais elevada.

Aplicações da hidrólise enzimática

A hidrólise enzimática tem muitas aplicações em vários sectores industriais. Eis alguns exemplos de aplicações comuns:

Sector alimentar

Produção de xarope de glicose e frutose: A amilase é utilizada para hidrolisar o amido em glicose, que pode depois ser isomerizada em frutose para produzir xarope de glicose-frutose, normalmente utilizado como adoçante em bebidas e produtos de confeitaria.

Proteínas hidrolisadas: As proteases são utilizadas para produzir hidrolisados de proteínas, que são utilizados como ingredientes funcionais em alimentos para bebés, suplementos de proteínas e produtos dietéticos.

Hidrólise da lactose: As lactases são utilizadas para hidrolisar a lactose em glucose e galactose, produzindo produtos lácteos sem lactose para pessoas com intolerância à lactose.

Sector farmacêutico

Produção de aminoácidos: As proteases hidrolisam as proteínas em aminoácidos individuais, que são utilizados como ingredientes activos em medicamentos e suplementos nutricionais.

Enzimas digestivas: As enzimas digestivas, como as amilases, as proteases e as lipases, são produzidas por hidrólise enzimática e utilizadas no tratamento de perturbações digestivas.

Síntese de medicamentos : As enzimas são utilizadas como catalisadores na síntese de muitos medicamentos, melhorando a eficiência das reacções químicas e reduzindo os subprodutos indesejados.

Sector industrial

Produção de biocombustíveis: As celulases hidrolisam a celulose dos resíduos lignocelulósicos em glucose, que é depois fermentada em etanol para produzir biocombustíveis.

Fabrico de detergentes: As enzimas, como as proteases e as lipases, são utilizadas em formulações de detergentes para melhorar a eficiência da limpeza e reduzir o consumo de energia e de água.

Indústria do papel: As celulases e hemicelulases são utilizadas para branquear e modificar as fibras de celulose, melhorando a qualidade do papel e reduzindo a utilização de produtos químicos agressivos.

Vantagens da tecnologia enzimática

A utilização de enzimas para transformar materiais agrícolas oferece uma série de vantagens significativas:

Eficiência energética: As reacções enzimáticas ocorrem a temperaturas e pressões moderadas, reduzindo o consumo de energia em comparação com os processos químicos tradicionais.

Especificidade e Seletividade: As enzimas são altamente específicas, permitindo-lhes visar precisamente as ligações químicas a serem hidrolisadas, reduzindo os subprodutos indesejados e melhorando a pureza dos produtos finais.

Redução de resíduos: As enzimas são biodegradáveis e os processos enzimáticos geram menos resíduos químicos, reduzindo assim o impacto ambiental.

Segurança e proteção: As enzimas são geralmente não tóxicas e seguras de manusear, melhorando a segurança dos trabalhadores e reduzindo os riscos para a saúde.

Qualidade do produto: Os produtos obtidos por hidrólise enzimática são de alta qualidade, com propriedades funcionais específicas adaptadas às necessidades das indústrias alimentar, farmacêutica e química.

Conselhos práticos para uma transformação enzimática bem sucedida

Para ter sucesso na utilização de enzimas para transformar materiais agrícolas, é importante seguir certas boas práticas e concentrar-se em aspectos-chave. Aqui estão algumas dicas para maximizar as suas hipóteses de sucesso:

Seleção das enzimas certas: Escolha enzimas específicas adaptadas ao seu substrato e ao seu produto final. Por exemplo, utilizar amilases para a hidrólise do amido e proteases para a hidrólise das proteínas.

Otimizar as condições de reação: Monitorizar e ajustar os parâmetros da reação enzimática, como a temperatura, o pH e a concentração de enzimas, para garantir uma hidrólise eficiente e completa.

Utilizar matérias-primas de qualidade: Certifique-se de que as matérias-primas agrícolas são de alta qualidade e não contêm contaminantes que possam inibir a atividade enzimática.

Investir em tecnologias modernas: Utilizar equipamento moderno e eficiente para o pré-tratamento das matérias-primas, a reação enzimática e a purificação dos produtos hidrolisados.

Cumprir as normas de qualidade: Seguir normas de qualidade rigorosas para garantir que os produtos hidrolisados cumprem os requisitos das indústrias alimentar, farmacêutica e química.

Inovar e adaptar: Estar aberto à inovação e adaptar os seus processos em função das novas descobertas e dos avanços tecnológicos. A investigação contínua é essencial para melhorar os processos e desenvolver novos produtos.

Colaboração com especialistas: Trabalhe com especialistas em biotecnologia e química enzimática para otimizar os seus processos e garantir a qualidade do produto. As parcerias com institutos de investigação e universidades também podem ser benéficas.

Foco na sustentabilidade: Adotar práticas de produção sustentáveis que minimizem o impacto ambiental e maximizem a eficiência dos recursos. Isto inclui a gestão responsável dos resíduos e a utilização de fontes de energia renováveis.

Pesquisa de mercado: Antes de lançar a produção de novos produtos hidrolisados, efectue uma pesquisa de mercado para compreender a procura e as tendências do mercado. Isto ajudá-lo-á a desenvolver produtos que satisfaçam as expectativas dos consumidores e a identificar oportunidades comerciais.

Estudos de casos de sucesso

Para ilustrar as possibilidades oferecidas pela hidrólise enzimática, vejamos alguns estudos de caso de sucessos notáveis:

A fábrica de bioetanol em Iowa, EUA: Esta fábrica utiliza celulases para hidrolisar a celulose dos resíduos de milho em glucose, que é depois fermentada em etanol. Utilizando enzimas de alto rendimento e tecnologias de fermentação avançadas, a fábrica conseguiu aumentar a produção de bioetanol e reduzir as emissões de gases com efeito de estufa. O bioetanol produzido é utilizado como combustível para veículos, ajudando a reduzir a dependência dos combustíveis fósseis.

O Projeto de Produção de Proteínas Hidrolisadas na Alemanha: Este projeto utiliza proteases para hidrolisar as proteínas de soja em péptidos e aminoácidos, que são utilizados como ingredientes funcionais em suplementos alimentares e produtos dietéticos. Ao otimizar as condições de reação enzimática e ao investir em tecnologias avançadas de purificação, o projeto conseguiu produzir proteínas hidrolisadas de alta qualidade que satisfazem os requisitos das indústrias alimentar e farmacêutica.

A Cooperativa de Produção de Bioplásticos no Brasil: Esta cooperativa utiliza amilases para hidrolisar o amido de mandioca em glucose, que é depois polimerizada para produzir bioplásticos biodegradáveis. Ao utilizar métodos de processamento sustentáveis e ao cumprir as normas ambientais, a cooperativa conseguiu criar empregos locais e gerar rendimentos adicionais para os agricultores. Os bioplásticos produzidos são utilizados em embalagens e produtos descartáveis, ajudando a reduzir os resíduos de plástico.

Estes exemplos mostram como a hidrólise enzimática pode ser uma forma eficaz de melhorar os rendimentos agrícolas, criar produtos de alta qualidade e promover o desenvolvimento sustentável. Adoptando boas práticas e tirando partido das oportunidades de mercado, os agricultores e os transformadores podem transformar as suas matérias-primas em produtos químicos de uma forma rentável e sustentável.

Capítulo 15: Transformação em polimerização

A conversão de materiais agrícolas por polimerização para produzir bioplásticos e outros materiais inovadores representa um grande avanço no domínio da química verde e da sustentabilidade. Este processo permite que os recursos renováveis sejam convertidos em produtos de elevado valor acrescentado, satisfazendo as necessidades crescentes da indústria e dos consumidores de alternativas aos plásticos tradicionais. Este capítulo explora os processos de polimerização, as inovações e as aplicações dos bioplásticos e de outros materiais derivados de materiais agrícolas.

Importância da polimerização de materiais agrícolas

A polimerização de materiais agrícolas oferece uma série de vantagens económicas e ecológicas:

Redução da dependência de combustíveis fósseis: Os bioplásticos e outros materiais derivados da polimerização de materiais agrícolas reduzem a dependência de combustíveis fósseis, contribuindo assim para a sustentabilidade energética.

Biodegradabilidade: Muitos bioplásticos são biodegradáveis, o que reduz o impacto ambiental dos resíduos de plástico e facilita a sua gestão.

Inovação e valor acrescentado: A transformação de materiais agrícolas em materiais poliméricos permite a criação de produtos inovadores com elevado valor acrescentado, oferecendo oportunidades económicas aos agricultores e às indústrias transformadoras.

Redução das emissões de gases com efeito de estufa: A produção de bioplásticos a partir de materiais agrícolas emite geralmente menos CO2 do que os plásticos tradicionais, ajudando a combater as alterações climáticas.

Processo de polimerização

A polimerização é um processo químico que converte monómeros em polímeros. No caso das matérias agrícolas, este processo pode incluir as fases de pré-tratamento, fermentação e polimerização. As principais fases do processo são as seguintes:

Pré-tratamento de matérias-primas

Limpeza e trituração: Os materiais agrícolas, como o milho, a mandioca ou os resíduos lignocelulósicos, são limpos para remover as impurezas e triturados para aumentar a superfície de contacto.

Hidrólise enzimática: Os biopolímeros complexos, como o amido e a celulose, são hidrolisados em açúcares simples por enzimas específicas (amilases, celulases). Estes açúcares servem de substrato para a fermentação.

Fermentação

Fermentação: Os açúcares hidrolisados são fermentados por microrganismos para produzir monómeros específicos, como o ácido lático, o ácido succínico e o polihidroxibutirato (PHB).

Recuperação de monómeros: Os monómeros produzidos pela fermentação são recuperados e purificados para serem utilizados no processo de polimerização.

Polimerização

Polimerização por condensação: Este processo envolve a reação de monómeros com a eliminação de pequenas moléculas, como a água. Por exemplo, o ácido lático pode ser polimerizado para produzir ácido poliláctico (PLA).

Polimerização por adição: Neste processo, os monómeros ligam-se sem eliminar quaisquer subprodutos. Por exemplo, o PHB é produzido por polimerização direta de monómeros de 3-hidroxibutirato.

Co-polimerização: Diferentes monómeros podem ser copolimerizados para criar materiais com propriedades específicas adaptadas a determinadas aplicações.

Inovações na polimerização de materiais agrícolas

As inovações na polimerização de materiais agrícolas levaram ao desenvolvimento de materiais com propriedades melhoradas e novas aplicações. Eis algumas das principais inovações:

Nanocompósitos: A incorporação de nanopartículas em bioplásticos melhora as suas propriedades mecânicas, térmicas e de barreira. Por exemplo, a adição de nanopartículas de argila pode aumentar a resistência e a rigidez do PLA.

Bioplásticos funcionalizados: O desenvolvimento de bioplásticos com funcionalidades específicas, tais como condutividade eléctrica, antimicrobiana e fotodegradabilidade, alarga as possíveis aplicações em eletrónica, embalagens e medicina.

Polímeros biocompatíveis: A investigação sobre polímeros biocompatíveis conduziu a inovações em dispositivos médicos, implantes e matrizes para a libertação controlada de medicamentos. Por exemplo, os copolímeros de ácido lático e ácido glicólico (PLGA) são utilizados em suturas absorvíveis e sistemas de administração de medicamentos.

Reciclabilidade e compostabilidade: A melhoria das propriedades de reciclagem e compostabilidade dos bioplásticos, como o PLA e o PHB, facilita a sua gestão no final da sua vida útil e reduz o seu impacto ambiental.

Aplicações de bioplásticos e outros materiais poliméricos

Os bioplásticos e outros materiais poliméricos derivados de materiais agrícolas têm uma vasta gama de aplicações em vários sectores industriais. Eis alguns exemplos de aplicações comuns:

Sector alimentar e das embalagens

Embalagens alimentares: Os bioplásticos, como o PLA e o PHB, são utilizados para fabricar embalagens alimentares biodegradáveis, incluindo películas, recipientes e talheres descartáveis. Estes materiais reduzem o impacto ambiental dos resíduos de embalagens.

Sacos e sacolas: Os bioplásticos são utilizados para produzir sacos e sacolas compostáveis, oferecendo uma alternativa ecológica aos sacos de plástico tradicionais.

Tabuleiros e embalagens de vácuo: Os bioplásticos com propriedades de barreira melhoradas são utilizados em tabuleiros e embalagens de vácuo, prolongando o prazo de validade dos produtos alimentares.

Sector médico

Dispositivos médicos: Os bioplásticos biocompatíveis, como o PLGA, são utilizados para fabricar dispositivos médicos, incluindo suturas absorvíveis, implantes ortopédicos e matrizes para regeneração de tecidos.

Sistemas de administração de medicamentos: Os bioplásticos são utilizados para criar matrizes de libertação controlada de medicamentos, melhorando a eficácia do tratamento e reduzindo os efeitos secundários.

Próteses e Ortóteses: Os bioplásticos leves e fortes são utilizados para fabricar próteses e ortóteses, oferecendo conforto e durabilidade aos doentes.

Sector agrícola

Películas de cobertura vegetal: As películas de cobertura vegetal biodegradáveis à base de bioplásticos, como o PLA, são utilizadas para melhorar a gestão das ervas daninhas e reduzir a erosão do solo. Estas películas decompõem-se naturalmente, eliminando a necessidade de as remover após a colheita.

Copos e vasos de plantação: Os bioplásticos são utilizados para fabricar copos e vasos de plantação biodegradáveis, facilitando a transplantação de plantas sem perturbar as raízes.

Dispositivos de libertação de fertilizantes: Os bioplásticos são utilizados para criar dispositivos de libertação lenta de fertilizantes, melhorando a eficiência da fertilização e reduzindo as perdas de nutrientes.

Indústria automóvel e construção

Componentes automóveis: Os bioplásticos reforçados com fibras naturais são utilizados para fabricar componentes automóveis fortes e leves, reduzindo o peso do veículo e melhorando a eficiência do combustível.

Materiais de construção: Os bioplásticos são utilizados para produzir materiais de construção, tais como painéis de isolamento, pavimentos e materiais de cobertura. Estes materiais oferecem um melhor desempenho e reduzem a pegada de carbono dos edifícios.

Benefícios económicos e ecológicos dos bioplásticos

A produção de bioplásticos e outros materiais poliméricos a partir de materiais agrícolas oferece uma série de vantagens económicas e ecológicas:

Criação de valor acrescentado: A transformação de materiais agrícolas em bioplásticos acrescenta valor às culturas, aumentando o rendimento dos agricultores e das indústrias transformadoras.

Desenvolvimento rural: A produção de bioplásticos pode estimular o desenvolvimento económico nas zonas rurais através da criação de emprego e da melhoria das infra-estruturas locais.

Reduzir os resíduos de plástico: Os bioplásticos biodegradáveis e compostáveis reduzem a acumulação de resíduos de plástico e facilitam a sua gestão no final da sua vida útil.

Impacto ambiental reduzido: A produção de bioplásticos geralmente emite menos CO2 e consome menos energia do que os plásticos tradicionais, ajudando a combater as alterações climáticas.

Apoio à economia circular: Os bioplásticos contribuem para uma economia circular ao recuperarem resíduos agrícolas e ao reduzirem a dependência de combustíveis fósseis.

Conselhos práticos para uma produção bem sucedida de bioplásticos

Para ter sucesso na produção de bioplásticos e outros materiais poliméricos a partir de materiais agrícolas, é importante seguir certas boas práticas e concentrar-se em aspectos-chave. Eis algumas dicas para maximizar as suas hipóteses de sucesso:

Seleção das matérias-primas certas: Escolha culturas ricas em amido, celulose ou outros biopolímeros adequados à sua região e infra-estruturas. Por exemplo, o milho e a mandioca são ideais para a produção de amido.

Otimização dos processos de produção: Investir em tecnologias modernas e eficientes para otimizar os processos de pré-tratamento, fermentação e polimerização. Isto inclui a utilização de enzimas específicas para a hidrólise, reactores de fermentação para a produção de monómeros e reactores de polimerização para a produção de polímeros.

Cumprir as normas de qualidade: Seguir normas de qualidade rigorosas para garantir que os bioplásticos cumprem os requisitos das indústrias alimentar, farmacêutica e química. A conformidade regulamentar é crucial para garantir a segurança do consumidor e a confiança do cliente.

Adotar práticas sustentáveis: Utilizar práticas de produção sustentáveis que minimizem o impacto ambiental. Isto inclui a reciclagem dos subprodutos da produção, a utilização de matérias-primas renováveis e a gestão responsável dos recursos hídricos e do solo.

Pesquisa de mercado: Antes de lançar a produção de novos bioplásticos, efectue uma pesquisa de mercado para compreender a procura e as tendências do mercado. Isto ajudá-lo-á a desenvolver produtos que satisfaçam as expectativas dos consumidores e a identificar oportunidades comerciais.

Inovar constantemente: Estar aberto à inovação e procurar constantemente melhorar os seus processos de produção e desenvolver novos bioplásticos com propriedades específicas. A inovação é essencial para se manter competitivo e para responder às mudanças no mercado.

Colaboração com especialistas: Trabalhe com especialistas em química, biotecnologia e engenharia para melhorar a qualidade dos seus produtos e otimizar os seus processos de produção. As parcerias com institutos de investigação e universidades também podem ser benéficas.

Foco na qualidade: A qualidade deve ser uma prioridade absoluta na produção de bioplásticos. Os produtos de alta qualidade são essenciais para fidelizar os clientes e criar uma boa reputação.

Diversificação de produtos: Diversifique a sua gama de bioplásticos para satisfazer as necessidades de diferentes segmentos de mercado. Ofereça bioplásticos para diferentes aplicações, como embalagens, dispositivos médicos e materiais de construção.

Utilizar tecnologias modernas: Investir em tecnologias modernas para melhorar a eficiência e a qualidade da produção. O equipamento moderno permite processos mais precisos e eficientes.

Estudos de casos de sucesso

Para ilustrar as possibilidades oferecidas pela polimerização de materiais agrícolas, vejamos alguns casos de sucesso notáveis:

A Fábrica de Bioplásticos no Nebraska, EUA: Esta fábrica utiliza milho local para produzir PLA, um bioplástico biodegradável utilizado em embalagens de alimentos e utensílios descartáveis. Ao investir em tecnologias avançadas de polimerização e ao cumprir normas ambientais rigorosas, a fábrica conseguiu otimizar a produção e reduzir as emissões de gases com efeito de estufa. Os produtos de PLA são vendidos nos mercados locais e internacionais, ajudando a reduzir os resíduos de plástico.

O Projeto de Produção de PHB no Brasil: Este projeto utiliza resíduos de cana-de-açúcar para produzir PHB, um bioplástico biodegradável utilizado em dispositivos médicos e aplicações agrícolas. Ao utilizar métodos de fermentação sustentáveis e ao investir em equipamento moderno, o projeto conseguiu criar empregos locais e gerar rendimentos adicionais para os agricultores. Os produtos PHB são utilizados em hospitais e em explorações agrícolas, reduzindo o impacto ambiental dos plásticos tradicionais.

A Cooperativa de Bioplásticos na Tailândia: Esta cooperativa transforma a mandioca em bioplásticos, que são utilizados para fazer película biodegradável para cobertura vegetal e vasos de plantação. Ao utilizar métodos de transformação respeitadores do ambiente e ao cumprir as normas de qualidade, a cooperativa conseguiu aumentar o valor acrescentado da produção de mandioca e diversificar o rendimento dos seus agricultores membros. Os bioplásticos produzidos são vendidos nos mercados locais e internacionais, contribuindo para a sustentabilidade da agricultura.

Estes exemplos mostram como a polimerização de materiais agrícolas para produzir bioplásticos e outros materiais pode ser uma forma eficaz de melhorar os rendimentos agrícolas, criar produtos de alta qualidade e promover o desenvolvimento sustentável. Adoptando boas práticas e tirando partido das oportunidades de mercado, os agricultores e os transformadores podem transformar as suas matérias-primas em bioplásticos de uma forma rentável e sustentável.

Capítulo 16: Trans-esterificação

A transesterificação é um processo químico fundamental para a produção de biodiesel a partir de óleos vegetais e gorduras animais. Este processo, que converte triglicéridos em ésteres metílicos (biodiesel) e glicerol, é essencial para a criação de biocombustíveis sustentáveis e renováveis. Este capítulo explora as técnicas de transesterificação, os processos químicos envolvidos, o equipamento necessário e as aplicações desta tecnologia.

A importância da transesterificação

A transesterificação tem uma série de vantagens que a tornam um processo crucial para a produção de biodiesel e outros produtos químicos:

Reduzir a dependência dos combustíveis fósseis: A produção de biodiesel a partir de recursos renováveis contribui para a segurança energética e a sustentabilidade ambiental.

Redução das emissões de gases com efeito de estufa: O biodiesel produzido por transesterificação emite menos CO2 e outros poluentes do que os combustíveis fósseis.

Acrescentar valor às matérias-primas renováveis: A transformação de óleos vegetais e gorduras animais em biodiesel acrescenta valor a estas matérias-primas, aumentando o rendimento dos agricultores e das indústrias transformadoras.

Produção de co-produtos valiosos: O glicerol, um co-produto da transesterificação, é utilizado numa variedade de indústrias, incluindo a cosmética, a farmacêutica e a alimentar.

Processo de transesterificação

A transesterificação é uma reação química que converte os triglicéridos (os principais componentes dos óleos e gorduras) em ésteres metílicos (biodiesel) e glicerol. Eis as principais etapas do processo:

Pré-tratamento de matérias-primas

Os óleos e gorduras utilizados na produção de biodiesel têm de ser pré-tratados para remover impurezas e otimizar a reação de transesterificação. Isto inclui filtração para remover sólidos, neutralização de ácidos gordos livres e, por vezes, secagem para reduzir o teor de água.

Reação de transesterificação

Adição de reagentes : Os óleos ou as gorduras são misturados com um álcool (geralmente metanol) e um catalisador (geralmente hidróxido de sódio ou de potássio).

Reação química: A mistura é aquecida a uma temperatura controlada (cerca de 60°C) e agitada para permitir a ocorrência da reação de transesterificação. Durante esta reação, os triglicéridos são convertidos em ésteres metílicos (biodiesel) e glicerol.

Separação de fases: Após a reação, a mistura é deixada em repouso para permitir a separação das fases. O biodiesel menos denso flutua no topo do glicerol.

Purificação e refinação

Lavagem: O biodiesel bruto é lavado com água para remover resíduos de catalisador, metanol e sabões. O glicerol bruto também pode ser purificado para remover impurezas e resíduos de catalisador.

Secagem: O biodiesel lavado é seco para remover qualquer água residual, enquanto o glicerol é também seco e, por vezes, destilado para obter uma pureza mais elevada.

Filtragem final: O biodiesel é filtrado uma última vez para garantir a sua pureza antes de ser armazenado ou utilizado.

Técnicas e equipamentos de transesterificação

A produção de biodiesel por transesterificação requer equipamento específico e o cumprimento de determinadas condições de processo para garantir uma reação eficiente e segura. Eis os principais equipamentos e técnicas utilizados

Reactores de transesterificação

Os reactores estão no centro do processo de transesterificação. Podem ser de diferentes tipos, incluindo reactores descontínuos e contínuos. Os reactores descontínuos são frequentemente utilizados para pequenas e médias séries de produção, enquanto os reactores contínuos são preferidos para grandes instalações devido à sua eficiência e capacidade de lidar com grandes volumes de matérias-primas.

Reactores de batelada: Estes reactores são recipientes fechados onde os reagentes são adicionados, misturados e aquecidos para a reação. Permitem um controlo preciso das condições de reação, mas requerem tempo de paragem entre lotes para limpeza e preparação.

Reactores contínuos: Estes reactores permitem a adição contínua de reagentes e a recuperação contínua de produtos acabados. São mais eficientes para grandes séries de produção e permitem uma melhor utilização de catalisadores e reagentes.

Sistemas de mistura e agitação

A mistura e a agitação são essenciais para assegurar um contacto eficaz entre os reagentes (óleo, metanol e catalisador) e para manter uma temperatura uniforme no reator. Os sistemas de mistura podem incluir agitadores mecânicos, bombas de recirculação ou misturadores estáticos.

Sistemas de aquecimento

A reação de transesterificação requer uma temperatura controlada, normalmente cerca de 60°C. Os sistemas de aquecimento utilizados podem incluir aquecedores de água, serpentinas de aquecimento ou reactores aquecidos a vapor.

Sistemas de separação

Após a reação, a mistura de produtos deve ser separada em biodiesel e glicerol. Isto é normalmente efectuado por decantação ou centrifugação. Os decantadores por gravidade são normalmente utilizados em pequenas instalações, enquanto as centrifugadoras são preferidas para a produção em grande escala devido à sua eficiência e rapidez.

Equipamento de lavagem e secagem

O biodiesel bruto tem de ser lavado para remover os resíduos do catalisador, o metanol e os sabões. Os sistemas de lavagem podem incluir lavadores de água, colunas de lavagem ou sistemas de lavagem a seco que utilizam adsorventes. O biodiesel lavado é depois seco para remover qualquer água residual, utilizando frequentemente secadores de vácuo ou colunas de secagem.

Sistemas de filtragem

A filtragem final do biodiesel é essencial para garantir a sua pureza antes da utilização. Os sistemas de filtragem podem incluir filtros de cartucho, filtros de areia ou filtros de membrana.

Aplicações e benefícios do biodiesel

O biodiesel produzido por transesterificação tem muitas aplicações e oferece uma série de benefícios ecológicos e económicos.

Aplicações de biodiesel

Transportes: O biodiesel pode ser utilizado como combustível para veículos com motores diesel. Pode ser utilizado puro (B100) ou misturado com gasóleo fóssil (B20, B5) para melhorar o desempenho e reduzir as emissões.

Aquecimento: O biodiesel pode ser utilizado como combustível para caldeiras de aquecimento doméstico e industrial, oferecendo uma alternativa renovável aos combustíveis fósseis.

Produção de eletricidade: O biodiesel pode ser utilizado em geradores a gasóleo para produzir eletricidade, especialmente em zonas rurais e isoladas.

Benefícios ecológicos e económicos

Emissões reduzidas: O biodiesel produz menos CO2, partículas finas, enxofre e hidrocarbonetos aromáticos policíclicos (HAP) do que o gasóleo fóssil, ajudando a combater a poluição atmosférica e as alterações climáticas.

Biodegradabilidade: O biodiesel é biodegradável e não tóxico, o que reduz o risco de poluição em caso de derrame e facilita a sua gestão no final da sua vida útil.

Recuperação de resíduos: A produção de biodiesel a partir de óleos usados e gorduras animais é uma forma de recuperar estes resíduos e reduzir o seu impacto ambiental.

Desenvolvimento económico local: A produção de biodiesel estimula o desenvolvimento económico nas zonas rurais, criando empregos e gerando rendimentos adicionais para os agricultores e transformadores.

Dicas práticas para uma produção de biodiesel bem sucedida

Para ter sucesso na produção de biodiesel por transesterificação, é importante seguir algumas boas práticas e concentrar-se em aspectos-chave. Seguem-se algumas dicas para maximizar as suas hipóteses de sucesso:

Seleção das matérias-primas certas: Escolha óleos vegetais e gorduras animais de alta qualidade, adequados à sua infraestrutura. Por exemplo, o óleo de soja, o óleo de colza e o óleo de girassol são ideais para a produção de biodiesel.

Otimizar as condições de reação: Monitorizar e ajustar os parâmetros da reação de transesterificação, como a temperatura, o pH, a concentração do catalisador e a relação óleo/metanol, para garantir a máxima conversão de triglicéridos em biodiesel.

Utilizar catalisadores eficazes: Os catalisadores alcalinos, como o hidróxido de sódio e o hidróxido de potássio, são normalmente utilizados para a transesterificação. Certifique-se de que utiliza catalisadores de alta qualidade e que os doseia corretamente para otimizar a reação.

Investir em equipamento moderno: Utilizar reactores modernos e eficientes, sistemas de mistura, sistemas de separação e equipamento de lavagem e secagem para otimizar o processo de produção de biodiesel.

Cumprir as normas de qualidade: Seguir normas de qualidade rigorosas para garantir que o biodiesel produzido cumpre os requisitos dos sectores dos transportes, aquecimento e produção de energia. A conformidade regulamentar é crucial para garantir a segurança do consumidor e a confiança do cliente.

Adotar práticas sustentáveis: Utilizar práticas de produção sustentáveis que minimizem o impacto ambiental. Isto inclui a reciclagem dos subprodutos da produção, a utilização de matérias-primas renováveis e a gestão responsável dos recursos hídricos e do solo.

Estudos de mercado: antes de iniciar a produção de biodiesel, efectue estudos de mercado para compreender a procura e as tendências do mercado. Isto ajudá-lo-á a desenvolver produtos que satisfaçam as expectativas dos consumidores e a identificar oportunidades comerciais.

Inovar constantemente: Estar aberto à inovação e procurar constantemente melhorar os seus processos de produção e desenvolver novos produtos. A inovação é essencial para se manter competitivo e para responder às mudanças no mercado.

Colaboração com especialistas: Trabalhe com especialistas em química, engenharia e biotecnologia para melhorar a qualidade dos seus produtos e otimizar os seus processos de produção. As parcerias com institutos de investigação e universidades também podem ser benéficas.

Foco na qualidade: A qualidade deve ser uma prioridade absoluta na produção de biodiesel. Produtos de alta qualidade são essenciais para fidelizar clientes e construir uma boa reputação.

Estudos de casos de sucesso

Para ilustrar as possibilidades oferecidas pela transesterificação, vejamos alguns estudos de caso de sucessos notáveis:

Fábrica de biodiesel na Argentina: Esta fábrica utiliza óleo de soja local para produzir biodiesel de alta qualidade. Ao investir em tecnologias avançadas de transesterificação e ao cumprir normas ambientais rigorosas, a fábrica conseguiu otimizar a produção e reduzir as emissões de gases com efeito de estufa. O biodiesel produzido é utilizado em veículos a gasóleo locais e exportado para mercados internacionais.

O Projeto Biodiesel na Índia: Este projeto utiliza óleo alimentar usado para produzir biodiesel, reduzindo os resíduos e recuperando um recurso que de outra forma seria negligenciado. Ao utilizar métodos de transesterificação sustentáveis e ao investir em equipamento moderno, o projeto conseguiu criar empregos locais e gerar rendimentos adicionais para os agricultores. O biodiesel produzido é utilizado nos transportes públicos, reduzindo o impacto ambiental do sector.

A Cooperativa de Biodiesel no Quénia: Esta cooperativa transforma gorduras animais em biodiesel, que é utilizado em geradores de eletricidade e caldeiras de aquecimento industrial. Utilizando métodos de transesterificação amigos do ambiente e cumprindo as normas de qualidade, a cooperativa conseguiu aumentar o valor acrescentado da produção de gorduras animais e diversificar o rendimento dos seus agricultores membros. O biodiesel produzido é vendido nos mercados locais e internacionais, contribuindo para a sustentabilidade energética da região.

Estes exemplos mostram como a transesterificação para a produção de biodiesel pode ser uma forma eficaz de melhorar os rendimentos agrícolas, criar produtos de alta qualidade e promover o desenvolvimento sustentável. Adoptando boas práticas e tirando partido das oportunidades de mercado, os agricultores e transformadores podem transformar as suas matérias-primas em biodiesel de uma forma rentável e sustentável.

Capítulo 17: Transformação em Química Verde

A química verde, também conhecida como química sustentável, é uma abordagem que tem por objetivo conceber produtos e processos químicos que reduzam ou eliminem a utilização e a produção de substâncias perigosas. Quando aplicada à transformação de produtos agrícolas, a química verde promove práticas mais respeitadoras do ambiente, apoia a sustentabilidade e reduz os impactos negativos na saúde humana e no ecossistema. Este capítulo explora os princípios da química verde, a sua aplicação ao processamento de produtos agrícolas e os benefícios em termos de sustentabilidade e respeito pelo ambiente.

Princípios da química verde

A química verde baseia-se em doze princípios fundamentais que orientam os químicos na conceção de processos e produtos mais seguros e mais eficientes:

Prevenção: Evitar a formação de resíduos é mais eficaz do que tratar ou limpar os resíduos depois de terem sido produzidos.

Economia de átomos: conceção de sínteses para maximizar a incorporação de todos os materiais utilizados no produto final.

Síntese segura: Utilização de substâncias e métodos de síntese que reduzam ou eliminem a toxicidade para os seres humanos e o ambiente.

Conceber produtos seguros: Produzir produtos químicos que desempenhem a sua função sendo menos tóxicos.

Solventes e auxiliares seguros: Reduzir ao mínimo a utilização de substâncias auxiliares (como solventes) e, se necessário, utilizar substâncias seguras.

Eficiência energética: Realização de reacções químicas a temperaturas e pressões ambientes para poupar energia.

Utilização de materiais renováveis: Favorecer a utilização de matérias-primas renováveis em vez de recursos não renováveis.

Derivados redutores: Evitar, se possível, a utilização de derivados bloqueados ou protegidos, uma vez que estes passos requerem reagentes adicionais e geram resíduos.

Catálise: Utilização de catalisadores em vez de reagentes estequiométricos para aumentar a eficiência das reacções químicas.

Conceção para a degradação: conceção de produtos químicos que se decompõem em substâncias inofensivas após a sua utilização.

Análise em tempo real para a prevenção da poluição: Monitorizar os processos químicos em tempo real para evitar a formação de substâncias perigosas.

Química Inerente Segura: Escolha de substâncias e formas de substâncias químicas para minimizar o risco de acidentes químicos.

Aplicações da química verde à transformação de produtos agrícolas

A química verde pode ser aplicada a vários aspectos da transformação de produtos agrícolas, desde a produção de biocombustíveis e bioplásticos até à síntese de produtos farmacêuticos e cosméticos.

Produção de biocombustíveis: A aplicação da química verde na produção de biocombustíveis envolve a utilização de catalisadores biológicos (enzimas) para hidrolisar biopolímeros como o amido e a celulose em açúcares simples, que são depois fermentados para produzir etanol ou biogás. A utilização de enzimas reduz a necessidade de condições de reação rigorosas e de produtos químicos tóxicos.

Fabrico de bioplásticos: A química verde é utilizada para polimerizar monómeros derivados de matérias-primas agrícolas, como o ácido lático obtido a partir da fermentação do açúcar, em ácido poliláctico (PLA). Este processo utiliza solventes e catalisadores seguros, e o PLA produzido é biodegradável.

Extração de óleos essenciais: As técnicas de química verde para a extração de óleos essenciais incluem a utilização de CO2 supercrítico, um método que utiliza dióxido de carbono sob alta pressão como solvente. Esta técnica é mais segura e mais amiga do ambiente do que os métodos tradicionais que utilizam solventes orgânicos.

Síntese de produtos farmacêuticos: A química verde é aplicada para sintetizar ingredientes farmacêuticos activos a partir de plantas medicinais. Por exemplo, os alcalóides podem ser extraídos e modificados através de reacções catalisadas por enzimas, reduzindo a utilização de reagentes tóxicos e os resíduos produzidos.

Fabrico de cosméticos: Os princípios da química verde são utilizados para produzir cosméticos naturais e orgânicos. Os óleos vegetais e os extractos de plantas são transformados em cremes, loções e outros produtos cosméticos utilizando métodos suaves e solventes seguros.

Técnicas e equipamentos de química verde

Podem ser utilizadas várias técnicas e equipamentos específicos para aplicar os princípios da química verde à transformação dos produtos agrícolas:

Biocatalisadores: As enzimas são catalisadores biológicos eficientes que podem ser utilizados para acelerar reacções químicas a temperaturas e pressões moderadas. Por exemplo, as amilases podem ser utilizadas para hidrolisar o amido em glucose e as lipases para transesterificar óleos em biodiesel.

Reactores de fluxo contínuo: Os reactores de fluxo contínuo permitem uma melhor utilização de reagentes e catalisadores, e podem ser concebidos para minimizar os resíduos e maximizar a eficiência energética. São particularmente úteis para reacções que requerem condições precisas e controlo em tempo real.

Extração supercrítica de CO2: Esta técnica utiliza dióxido de carbono sob alta pressão como solvente para extrair compostos bioactivos das plantas. É mais amiga do ambiente do que os métodos de extração que utilizam solventes orgânicos voláteis.

Reactores fotocatalíticos: Estes reactores utilizam a luz para ativar catalisadores que aceleram as reacções químicas. São utilizados em processos como a degradação de poluentes ou a síntese de produtos químicos a partir de matérias-primas renováveis.

Análise em tempo real: Os sistemas de análise em tempo real podem ser utilizados para monitorizar reacções químicas e ajustar as condições de reação para minimizar os resíduos e evitar a formação de substâncias perigosas.

Sustentabilidade e respeito pelo ambiente

A aplicação dos princípios da química verde à transformação de produtos agrícolas contribui para a sustentabilidade e o respeito pelo ambiente de várias formas:

Redução da utilização de recursos fósseis: Ao utilizar matérias-primas renováveis, como as culturas agrícolas, para produzir produtos químicos e materiais, a química verde reduz a dependência de recursos fósseis não renováveis.

Reduzir os resíduos e as emissões: Os processos de química verde são concebidos para minimizar os resíduos e as emissões poluentes, ajudando a proteger o ar, a água e o solo.

Melhoria da eficiência energética: Ao utilizar reacções químicas que ocorrem a temperaturas e pressões ambientes, a química verde reduz o consumo de energia e os custos associados.

Promover a biodegradabilidade e a reciclabilidade: Os produtos químicos e os materiais produzidos utilizando métodos de química verde são frequentemente concebidos para serem biodegradáveis ou recicláveis, tornando-os mais fáceis de gerir no fim da sua vida e reduzindo o seu impacto ambiental.

Saúde e segurança: Ao evitar a utilização de substâncias tóxicas e ao minimizar o risco de acidentes químicos, a química verde protege a saúde dos trabalhadores e dos consumidores.

Conselhos práticos para ter sucesso na Química Verde

Para ter sucesso na aplicação dos princípios da química verde à transformação de produtos agrícolas, é importante seguir certas boas práticas e concentrar-se em aspectos-chave. Eis algumas dicas para maximizar as suas hipóteses de sucesso:

Seleção de matérias-primas renováveis: Utilizar as culturas agrícolas e os resíduos de biomassa como matérias-primas para a produção de produtos químicos e materiais. Escolha variedades de culturas adequadas à sua região e às condições de crescimento.

Otimizar as condições de reação: Monitorizar e ajustar os parâmetros de reação química, como a temperatura, o pH e a concentração de reagentes, para maximizar a eficiência e minimizar os resíduos.

Utilizar catalisadores e solventes seguros: Favorecer a utilização de catalisadores enzimáticos e solventes amigos do ambiente, como a água e o CO2 supercrítico, para reduzir a toxicidade e o impacto ambiental das reacções químicas.

Investir em equipamento moderno: Utilizar reactores de fluxo contínuo, sistemas de análise em tempo real e outros equipamentos modernos para otimizar os processos de produção e garantir a qualidade dos produtos.

Cumprir as normas de qualidade e segurança: Seguir normas rigorosas de qualidade e segurança para garantir que os produtos e materiais químicos cumprem os requisitos das indústrias alimentar, farmacêutica e química. A conformidade regulamentar é crucial para garantir a segurança do consumidor e a confiança do cliente.

Adotar práticas sustentáveis: Utilizar práticas de produção sustentáveis que minimizem o impacto ambiental. Isto inclui a reciclagem dos subprodutos da produção, a utilização de matérias-primas renováveis e a gestão responsável dos recursos hídricos e do solo.

Inovar e adaptar: Estar aberto à inovação e adaptar os seus processos em função das novas descobertas e dos avanços tecnológicos. A investigação contínua é essencial para melhorar os processos e desenvolver novos produtos.

Colaboração com especialistas: Trabalhe com especialistas em química, biotecnologia e engenharia para melhorar a qualidade dos seus produtos e otimizar os seus processos de produção. As parcerias com institutos de investigação e universidades também podem ser benéficas.

Foco na qualidade: A qualidade deve ser uma prioridade absoluta na produção de produtos químicos e materiais derivados do processamento agrícola. Produtos de alta qualidade são essenciais para a fidelização dos clientes e para uma boa reputação.

Diversificação de produtos: Diversifique a sua gama de produtos para responder a diferentes segmentos de mercado. Ofereça produtos químicos e materiais para diferentes aplicações, como bioplásticos, cosméticos e produtos farmacêuticos.

Utilizar tecnologias modernas: Investir em tecnologias modernas para melhorar a eficiência e a qualidade da produção. O equipamento moderno permite processos mais precisos e eficientes.

Estudos de casos de sucesso

Para ilustrar as possibilidades oferecidas pela química verde aplicada à transformação de produtos agrícolas, vejamos alguns casos de sucesso notáveis:

A Fábrica de Bioplásticos no Nebraska, EUA: Esta fábrica utiliza milho local para produzir PLA, um bioplástico biodegradável utilizado em embalagens de alimentos e utensílios descartáveis. Ao investir em tecnologias avançadas de polimerização e ao cumprir normas ambientais rigorosas, a fábrica conseguiu otimizar a produção e reduzir as emissões de gases com efeito de estufa. Os produtos de PLA são vendidos nos mercados locais e internacionais, ajudando a reduzir os resíduos de plástico.

O Projeto de Produção de PHB no Brasil: Este projeto utiliza resíduos de cana-de-açúcar para produzir PHB, um bioplástico biodegradável utilizado em dispositivos médicos e aplicações agrícolas. Ao utilizar métodos de fermentação sustentáveis e ao investir em equipamento moderno, o projeto conseguiu criar empregos locais e gerar rendimentos adicionais para os agricultores. Os produtos PHB são utilizados em hospitais e em explorações agrícolas, reduzindo o impacto ambiental dos plásticos tradicionais.

A Cooperativa de Bioplásticos na Tailândia: Esta cooperativa transforma a mandioca em bioplásticos, que são utilizados para fazer película biodegradável para cobertura vegetal e vasos de plantação. Ao utilizar métodos de transformação respeitadores do ambiente e ao cumprir as normas de qualidade, a cooperativa conseguiu aumentar o valor acrescentado da produção de mandioca e diversificar o rendimento dos seus agricultores membros. Os bioplásticos produzidos são vendidos nos mercados locais e internacionais, contribuindo para a sustentabilidade da agricultura.

Estes exemplos mostram como a química verde pode ser aplicada à transformação de produtos agrícolas para melhorar os rendimentos agrícolas, criar produtos de alta qualidade e promover o desenvolvimento sustentável. Ao adoptarem boas práticas e tirarem partido das oportunidades de mercado, os agricultores e os transformadores podem transformar as suas matérias-primas em produtos químicos e materiais de uma forma rentável e sustentável.

Capítulo 18: Transformação em fibra

A produção de fibras naturais a partir de materiais agrícolas é uma abordagem promissora para a criação de materiais sustentáveis e amigos do ambiente para aplicações têxteis e industriais. Esta transformação acrescenta valor aos recursos agrícolas, produzindo fibras biodegradáveis e renováveis que satisfazem as necessidades crescentes da indústria têxtil e de outros sectores industriais. Este capítulo explora as técnicas de produção de fibras naturais, as perspectivas de mercado e os benefícios económicos e ecológicos associados a esta transformação.

Importância da transformação da fibra

A transformação de materiais agrícolas em fibras naturais oferece uma série de vantagens significativas:

Sustentabilidade: As fibras naturais são renováveis e biodegradáveis, reduzindo o impacto ambiental em comparação com as fibras sintéticas derivadas do petróleo.

Valorização dos recursos agrícolas: Esta transformação permite valorizar os subprodutos e resíduos agrícolas, aumentando assim o rendimento dos agricultores e produtores.

Aplicações diversificadas: As fibras naturais são utilizadas numa variedade de aplicações, incluindo têxteis, compósitos, materiais de isolamento e geotêxteis.

Reduzir a dependência das fibras sintéticas: A utilização de fibras naturais ajuda a reduzir a dependência das fibras sintéticas e dos recursos fósseis, promovendo uma economia mais circular.

Técnicas de produção de fibras naturais

A produção de fibras naturais a partir de materiais agrícolas envolve várias fases, desde o cultivo das plantas até à transformação das fibras. Apresentamos de seguida as principais técnicas de produção de fibras naturais:

Cultivo de plantas fibrosas

As plantas fibrosas são cultivadas especificamente para a produção de fibras. As principais culturas incluem :

Algodão: Cultivado pelas suas fibras utilizadas no fabrico de têxteis.

Linho: Utilizado para produzir fibras de linho, que são transformadas em tecidos e produtos industriais.

Cânhamo: Utilizado para produzir fibras de cânhamo, que são transformadas em têxteis, cordas e materiais compósitos.

Juta: Utilizada para produzir fibras de juta, principalmente utilizadas no fabrico de sacos e tapetes.

Rami: Planta fibrosa que produz fibras finas e resistentes utilizadas em têxteis de alta qualidade.

Colheita e preparação

As plantas fibrosas são colhidas no momento ideal para maximizar a qualidade e a quantidade de fibras. Após a colheita, as plantas são preparadas para a extração das fibras através de processos como a retífica, a debulha e a penteação.

Retificação: Este processo consiste em fermentar os caules das plantas em água ou no solo para decompor a pectina e separar as fibras dos caules.

Malhagem: Os caules repicados são debulhados para retirar as partes lenhosas e libertar as fibras.

Pentear: As fibras em bruto são penteadas para alinhar as fibras e remover as impurezas.

Extração de fibras

As fibras são extraídas das plantas através de métodos mecânicos ou químicos:

Extração mecânica: As fibras são extraídas por máquinas que partem os caules e libertam as fibras. Este método é normalmente utilizado para o linho e o cânhamo.

Extração química: As fibras são extraídas através da utilização de produtos químicos para dissolver as partes não fibrosas da planta. Este método é utilizado para certas fibras, como o rami.

Transformação da fibra

As fibras brutas extraídas são transformadas em fios e tecidos através de processos de fiação, tecelagem e tricotagem:

Fiação: As fibras são fiadas em fio utilizando máquinas de fiação. A fiação pode ser feita a seco ou a húmido, consoante o tipo de fibra.

Tecelagem: Os fios são tecidos em teares. A tecelagem pode produzir uma variedade de estruturas de tecido, incluindo tecidos planos, sarjas e cetins.

Tricotagem: Os fios são tricotados em têxteis utilizando máquinas de tricotar. O tricô é normalmente utilizado para produzir malhas, camisolas e pontos.

Tratamento e acabamento

Os tecidos e produtos feitos de fibras naturais são submetidos a tratamentos e acabamentos para melhorar as suas propriedades e aparência:

Branqueamento : Os tecidos podem ser branqueados para remover as impurezas e melhorar a cor.

Tingimento: Os tecidos são tingidos para dar cor e padrão.

Tratamentos de acabamento: Os tecidos podem ser objeto de tratamentos de acabamento para melhorar a sua resistência, suavidade, impermeabilidade e outras propriedades específicas.

Aplicações de fibras naturais

As fibras naturais produzidas a partir de materiais agrícolas têm uma vasta gama de aplicações em vários sectores industriais:

Sector têxtil

Vestuário: As fibras naturais como o algodão, o linho e o cânhamo são utilizadas para fabricar vestuário confortável e duradouro.

Roupa de casa: As fibras naturais são utilizadas para produzir lençóis, toalhas, cortinas e outra roupa de casa.

Tecidos técnicos: As fibras naturais são utilizadas para fabricar tecidos técnicos para aplicações específicas, tais como vestuário de proteção, têxteis médicos e geotêxteis.

Sector industrial

Compósitos: As fibras naturais são utilizadas como reforço em materiais compósitos para produzir peças leves e resistentes para as indústrias automóvel, aeronáutica e da construção.

Materiais de isolamento: As fibras naturais são utilizadas para fabricar materiais de isolamento térmico e acústico para edifícios.

Cordas e sacos: As fibras naturais, como o cânhamo e a juta, são utilizadas para fabricar cordas, sacos, redes e outros produtos industriais.

Sector agrícola

Geotêxteis: As fibras naturais são utilizadas para fabricar geotêxteis biodegradáveis, utilizados na estabilização do solo, na prevenção da erosão e na proteção das culturas.

Cobertura vegetal: As fibras naturais são utilizadas para produzir cobertura vegetal biodegradável, melhorando a retenção de água no solo e reduzindo as ervas daninhas.

Sector da saúde

Produtos médicos: As fibras naturais são utilizadas no fabrico de pensos, suturas e outros produtos médicos.

Higiene: As fibras naturais são utilizadas para produzir produtos de higiene, como pensos higiénicos, fraldas e toalhetes.

Perspectivas de mercado para as fibras naturais

O mercado das fibras naturais está a crescer rapidamente, impulsionado pela crescente procura de produtos sustentáveis e amigos do ambiente. Eis algumas perspectivas de mercado para as fibras naturais:

Procura crescente de produtos amigos do ambiente: Os consumidores estão cada vez mais conscientes do impacto ambiental dos produtos que compram e procuram alternativas sustentáveis. As fibras naturais respondem a esta procura, oferecendo uma opção renovável e biodegradável às fibras sintéticas.

Inovação e desenvolvimento de novos produtos: Os avanços nas tecnologias de processamento e tratamento de fibras naturais estão a permitir o desenvolvimento de novos produtos com propriedades melhoradas. Por exemplo, os compósitos reforçados com fibras naturais oferecem um desempenho equivalente ou melhor do que os compósitos sintéticos.

Apoio político e regulamentar: Muitos governos e organizações internacionais estão a incentivar a utilização de materiais sustentáveis e a redução dos resíduos de plástico. Isto cria um ambiente favorável ao desenvolvimento e à adoção das fibras naturais.

Oportunidades de mercado nos países emergentes: Os países emergentes, onde os recursos agrícolas são abundantes, apresentam oportunidades significativas para a produção e conversão de fibras naturais. O desenvolvimento desta indústria pode estimular o crescimento económico e criar emprego nas zonas rurais.

Crescimento do mercado dos têxteis técnicos: As fibras naturais estão a encontrar cada vez mais aplicações nos têxteis técnicos, onde as suas propriedades específicas, como a resistência, a leveza e a biodegradabilidade, são particularmente procuradas. Estas incluem aplicações em vestuário de proteção, geotêxteis e materiais de construção.

Dicas práticas para uma produção bem sucedida de fibras naturais

Para ter sucesso na produção de fibras naturais a partir de materiais agrícolas, é importante seguir certas boas práticas e concentrar-se em aspectos-chave. Aqui ficam algumas dicas para maximizar as suas hipóteses de sucesso:

Selecionar culturas adequadas: Escolha plantas fibrosas adequadas à sua região e às condições de cultivo. Certifique-se de que selecciona variedades que ofereçam uma boa qualidade de fibra e rendimentos elevados.

Otimizar as práticas de cultivo: Utilizar práticas de cultivo optimizadas para maximizar a qualidade e a quantidade de fibras. Isto inclui a gestão do solo, a irrigação, a fertilização e a proteção contra pragas e doenças.

Investir em equipamento moderno: Utilizar equipamento moderno para a colheita, a retífica, a debulha, a penteação e a transformação das fibras. A maquinaria moderna melhora a eficiência e a qualidade da produção.

Cumprir as normas de qualidade: Seguir normas de qualidade rigorosas para garantir que as fibras produzidas cumprem os requisitos das indústrias têxtil e industrial. A conformidade regulamentar é crucial para garantir a segurança dos consumidores e a confiança dos clientes.

Adotar práticas sustentáveis: Utilizar práticas de produção sustentáveis que minimizem o impacto ambiental. Isto inclui a utilização de técnicas de cultivo orgânico, a gestão responsável dos recursos hídricos e do solo e a reciclagem dos subprodutos da produção.

Inovar e adaptar: Estar aberto à inovação e adaptar os seus processos em função das novas descobertas e dos avanços tecnológicos. A investigação contínua é essencial para melhorar os processos e desenvolver novos produtos.

Colaboração com especialistas: Trabalhe com especialistas em agricultura, biotecnologia e engenharia para melhorar a qualidade dos seus produtos e otimizar os seus processos de produção. As parcerias com institutos de investigação e universidades também podem ser benéficas.

Diversificação de produtos: Diversifique a sua gama de produtos para responder a diferentes segmentos de mercado. Ofereça fibras naturais para diferentes aplicações, tais como têxteis, compósitos e materiais de isolamento.

Utilizar tecnologias modernas: Investir em tecnologias modernas para melhorar a eficiência e a qualidade da produção. O equipamento moderno permite processos mais precisos e eficientes.

Estudos de casos de sucesso

Para ilustrar as possibilidades oferecidas pela transformação de materiais agrícolas em fibras naturais, vejamos alguns casos de sucesso notáveis:

A fábrica de fibras de cânhamo em França: Esta fábrica utiliza cânhamo local para produzir fibras de alta qualidade utilizadas em têxteis, compósitos e materiais de construção. Ao investir em tecnologias de transformação modernas e ao cumprir normas ambientais rigorosas, a fábrica conseguiu otimizar a produção e reduzir as emissões de gases com efeito de estufa. Os produtos de fibra de cânhamo são vendidos nos mercados locais e internacionais, contribuindo para a redução dos resíduos de plástico e para a sustentabilidade da indústria têxtil.

O Projeto de Fibra de Juta na Índia: Este projeto utiliza resíduos de juta para produzir fibras naturais utilizadas no fabrico de sacos, tapetes e geotêxteis. Ao utilizar métodos de transformação sustentáveis e ao investir em equipamento moderno, o projeto conseguiu criar empregos locais e gerar rendimentos adicionais para os agricultores. Os produtos de fibra de juta são utilizados nos sectores da agricultura e da construção, reduzindo o impacto ambiental dos materiais sintéticos.

La Coopérative de Fibres de Lin na Bélgica: Esta cooperativa transforma o linho em fibras naturais utilizadas no fabrico de têxteis de alta qualidade, materiais compósitos e produtos de isolamento. Ao utilizar métodos de transformação respeitadores do ambiente e ao respeitar as normas de qualidade, a cooperativa conseguiu aumentar o valor acrescentado da produção de linho e diversificar os rendimentos dos seus agricultores membros. As fibras de linho produzidas são vendidas nos mercados locais e internacionais, contribuindo para a sustentabilidade da indústria têxtil e para a redução dos resíduos de plástico.

Estes exemplos mostram como a conversão de materiais agrícolas em fibras naturais pode ser uma forma eficaz de melhorar os rendimentos agrícolas, criar produtos de alta qualidade e promover o desenvolvimento sustentável. Adoptando boas práticas e tirando partido das oportunidades de mercado, os agricultores e os transformadores podem transformar as suas matérias-primas em fibras naturais de uma forma rentável e sustentável.

Capítulo 19: Agricultura tradicional

A agricultura tradicional, praticada há milhares de anos, é a base de muitas sociedades rurais em todo o mundo. Baseia-se em métodos e técnicas ancestrais transmitidos de geração em geração. Este tipo de agricultura está profundamente enraizado nas tradições culturais e tem implicações económicas significativas. Este capítulo explora os métodos agrícolas tradicionais, o seu significado cultural e as implicações económicas associadas.

Descrição dos métodos agrícolas tradicionais

A agricultura tradicional engloba uma variedade de práticas e técnicas que diferem consoante a região e a cultura. Eis alguns dos métodos habitualmente utilizados na agricultura tradicional:

Agricultura de subsistência

A agricultura de subsistência caracteriza-se pela produção de culturas e de gado principalmente para consumo familiar, com pouco ou nenhum excedente para venda. As principais características deste método incluem:

Culturas diversificadas: Os agricultores cultivam uma variedade de culturas para garantir uma dieta equilibrada e reduzir o risco de quebra de safra.

Rotação de culturas: A rotação de culturas é utilizada para manter a fertilidade do solo e reduzir as infestações de pragas.

Policultura: Os agricultores praticam a policultura, ou seja, o cultivo simultâneo de várias espécies na mesma parcela de terra, para maximizar a utilização dos recursos e aumentar a resiliência dos sistemas agrícolas.

Agricultura itinerante

A agricultura itinerante, também conhecida como agricultura de corte e queima, consiste em limpar e queimar um pedaço de floresta para cultivar durante alguns anos, antes de deixar o pedaço em pousio para se regenerar. As principais características deste método incluem:

Desbravamento e queimadas: Os agricultores limpam e queimam a vegetação para libertar os nutrientes retidos na biomassa.

Pousios: Após alguns anos de cultivo, a parcela é deixada em pousio para permitir a regeneração natural da fertilidade do solo.

Mobilidade: Os agricultores mudam regularmente as suas culturas para novas parcelas para evitar o esgotamento do solo.

Agricultura em terraços

A agricultura em socalcos é uma técnica de cultivo em encostas íngremes, em que são construídos socalcos para criar superfícies planas e evitar a erosão do solo. As principais características deste método incluem:

Construção de terraços: Os terraços são construídos escavando níveis horizontais nas encostas, apoiados por muros de pedra ou de terra.

Gestão da água: Os socalcos permitem uma gestão eficiente da água, reduzindo o escoamento e aumentando a infiltração da água no solo.

Conservação do solo: Os socalcos reduzem a erosão do solo e mantêm a fertilidade, evitando a perda de terras aráveis.

Agricultura de regadio tradicional

A irrigação tradicional envolve técnicas antigas de gestão da água para irrigar as culturas. As principais características deste método incluem:

Canais de irrigação: Os canais de irrigação são escavados para levar a água dos rios, lagos ou nascentes para os campos.

Sistemas de recolha de água: Os sistemas de recolha de água, tais como reservatórios e lagos, são utilizados para armazenar água durante a estação das chuvas e utilizá-la durante a estação seca.

Regulação da água: Os agricultores utilizam técnicas de regulação da água, tais como diques e barragens, para controlar o fluxo e a distribuição da água.

Agricultura tradicional

A pecuária tradicional consiste na gestão dos animais domésticos segundo métodos ancestrais. As principais características deste método incluem :

Pastoreio extensivo: Os animais são criados em regime de pastoreio extensivo, frequentemente em terras comuns ou pastagens naturais.

Raças tradicionais: Os agricultores criam raças locais de gado que estão adaptadas às condições ambientais e são resistentes às doenças.

Técnicas de reprodução: As técnicas tradicionais de reprodução, como a seleção natural e o acasalamento controlado, são utilizadas para manter a qualidade e a diversidade genética dos efectivos.

Importância cultural da agricultura tradicional

A agricultura tradicional está profundamente enraizada nas culturas e tradições das comunidades rurais. Desempenha um papel crucial na preservação dos conhecimentos e práticas ancestrais, bem como na manutenção da coesão social e da identidade cultural.

Transferência de conhecimentos

Os conhecimentos e técnicas agrícolas tradicionais são transmitidos de geração em geração através da aprendizagem informal, de rituais e cerimónias. Esta transmissão de conhecimentos contribui para a preservação das práticas culturais e para a resiliência das comunidades rurais.

Rituais e cerimónias

A agricultura tradicional é frequentemente acompanhada de rituais e cerimónias que marcam fases importantes do ciclo agrícola, como a sementeira, a colheita e as festas das colheitas. Estes rituais reforçam os laços comunitários e celebram o património cultural dos agricultores.

Sistemas de valores e crenças

Os sistemas de valores e crenças das comunidades rurais estão intimamente ligados às suas práticas agrícolas. A agricultura tradicional reflecte valores de respeito pela natureza, sustentabilidade e cooperação. Também incorpora crenças espirituais e religiosas que influenciam as práticas agrícolas e a gestão dos recursos naturais.

Implicações económicas da agricultura tradicional

A agricultura tradicional tem implicações económicas significativas para as comunidades rurais. Proporciona meios de subsistência, gera rendimentos e contribui para a segurança alimentar. No entanto, também apresenta desafios económicos que têm de ser resolvidos.

Segurança alimentar

A agricultura tradicional desempenha um papel crucial na segurança alimentar das comunidades rurais. Ao produzir uma diversidade de culturas e animais, assegura uma dieta equilibrada e reduz a dependência dos mercados externos. Além disso, as técnicas de cultivo misto e de rotação de culturas contribuem para a resiliência dos sistemas agrícolas face aos riscos climáticos e às pragas.

Geração de receitas

Embora a agricultura tradicional esteja principalmente orientada para o auto-consumo, pode também gerar rendimentos através da venda dos excedentes nos mercados locais. Os produtos agrícolas tradicionais, como a fruta, os legumes, os cereais, os lacticínios e a carne, são frequentemente muito apreciados pela sua qualidade e pelo seu carácter artesanal.

Desafios económicos

A agricultura tradicional apresenta uma série de desafios económicos, incluindo :

Acesso ao mercado: Os agricultores tradicionais podem ter dificuldade em aceder aos mercados devido ao isolamento geográfico, à falta de infra-estruturas e à fraca integração nas cadeias de valor.

Acesso ao crédito: A falta de garantias e de recursos financeiros limita o acesso dos agricultores tradicionais ao crédito e ao financiamento de que necessitam para investir na melhoria das suas práticas agrícolas.

Competitividade: Os produtos agrícolas tradicionais podem ser menos competitivos no mercado devido à baixa produtividade e aos custos de produção mais elevados em comparação com os métodos agrícolas modernos.

Soluções e oportunidades

Para superar estes desafios económicos, é possível prever uma série de soluções e oportunidades:

Organização e cooperação: Os agricultores tradicionais podem organizar-se em cooperativas ou associações para melhorar o seu acesso aos mercados, partilhar recursos e conhecimentos e reforçar o seu poder de negociação.

Valorização dos produtos: A certificação dos produtos agrícolas tradicionais como produtos biológicos, de comércio justo ou de origem geográfica pode aumentar o seu valor no mercado e atrair consumidores preocupados com a qualidade e a sustentabilidade.

Formação e inovação: A formação dos agricultores tradicionais em técnicas modernas e sustentáveis e a adoção de tecnologias adequadas podem melhorar a produtividade e a rentabilidade das suas explorações.

Acesso ao financiamento: O desenvolvimento de mecanismos de financiamento adaptados às necessidades dos agricultores tradicionais, como o microcrédito e os fundos de garantia, pode facilitar o acesso ao crédito e incentivar o investimento em práticas agrícolas melhoradas.

Estudos de casos de sucesso

Para ilustrar os possíveis êxitos da agricultura tradicional, vejamos alguns casos de estudo notáveis:

O sistema de irrigação Subak em Bali, Indonésia: O Subak é um sistema de irrigação tradicional utilizado pelos agricultores balineses para cultivar arroz em socalcos. Este sistema comunitário, com mais de mil anos, baseia-se nos princípios da cooperação e da gestão sustentável da água. Graças à organização social e à regulação da água, os agricultores de Subak têm mantido uma produção de arroz estável e sustentável, contribuindo para a segurança alimentar e a preservação da cultura balinesa.

A agricultura itinerante entre os povos indígenas da Amazónia: Os povos indígenas da Amazónia praticam a agricultura itinerante, que consiste em desbravar e cultivar temporariamente parcelas de floresta. Este método, adaptado às condições ambientais da floresta tropical, ajuda a manter a fertilidade do solo e a preservar a biodiversidade. As comunidades indígenas utilizam os conhecimentos ecológicos tradicionais para gerir os recursos naturais de forma sustentável, garantindo a sua subsistência e conservando o ecossistema.

Jardins de Case no Senegal: Os Jardins de Case, ou hortas familiares, são terrenos situados à volta das habitações rurais no Senegal. Estas hortas, cultivadas principalmente por mulheres, produzem uma grande variedade de legumes, frutas, ervas e plantas medicinais. As hortas familiares contribuem para a segurança alimentar, a nutrição e o empoderamento das mulheres, preservando simultaneamente os conhecimentos e as práticas agrícolas tradicionais.

Estes exemplos mostram como a agricultura tradicional pode ser uma forma eficaz de melhorar a segurança alimentar, gerar rendimentos e promover o desenvolvimento sustentável. Ao adoptarem boas práticas e ultrapassarem os desafios económicos, os agricultores tradicionais podem tirar partido dos seus conhecimentos ancestrais para criar sistemas agrícolas resistentes e sustentáveis.

A agricultura tradicional continua a ser um pilar importante das sociedades rurais, combinando conhecimentos ancestrais e práticas sustentáveis para enfrentar os desafios modernos. Constitui uma alternativa valiosa aos métodos de agricultura intensiva, centrada na preservação dos recursos naturais, na diversidade das culturas e na coesão social. Para os agricultores e as comunidades que desejam adotar uma abordagem mais sustentável e respeitadora do ambiente, a agricultura tradicional representa uma opção viável e gratificante.

Capítulo 20: Agricultura intensiva

A agricultura intensiva é um método agrícola que tem por objetivo maximizar a produção em pequenas áreas, utilizando tecnologias avançadas, produtos químicos e práticas de gestão rigorosas. Esta abordagem, desenvolvida principalmente durante o século XX, transformou a agricultura ao aumentar consideravelmente a produtividade. No entanto, é também objeto de debate devido aos seus impactos ambientais e sociais. Este capítulo explora as práticas agrícolas intensivas, as suas vantagens e desvantagens em termos de produtividade e de impacto ambiental.

Práticas agrícolas intensivas

A agricultura intensiva baseia-se numa série de práticas e tecnologias destinadas a maximizar a produção agrícola. Eis algumas das principais práticas:

Utilização de factores de produção químicos: A agricultura intensiva recorre a uma utilização extensiva de fertilizantes químicos para melhorar a fertilidade do solo e aumentar o rendimento das culturas. Os pesticidas e herbicidas são também utilizados para controlar as pragas e as ervas daninhas, garantindo uma produção óptima.

Irrigação modernizada: Sistemas de irrigação avançados, como a irrigação por gotejamento e a irrigação por pivô central, são utilizados para fornecer água às culturas de forma eficiente e direccionada. Isto maximiza a utilização da água e minimiza as perdas.

Maquinaria agrícola: A utilização de maquinaria agrícola moderna, como tractores, ceifeiras-debulhadoras e pulverizadores, significa que muitas tarefas agrícolas podem ser mecanizadas, aumentando a produtividade e reduzindo a necessidade de mão de obra.

Seleção e engenharia genética: As variedades vegetais e as raças animais são seleccionadas e melhoradas geneticamente para aumentar o seu rendimento, a sua resistência às doenças e a sua tolerância às condições ambientais adversas.

Gestão integrada das culturas: Os agricultores praticam a gestão integrada das culturas, que combina a utilização de insumos químicos, técnicas de cultivo e práticas de gestão para otimizar a produção e reduzir o risco de perdas.

Intensificação da criação: Na criação intensiva, os animais são frequentemente criados em sistemas confinados ou semi-confinados, em que a sua alimentação, reprodução e saúde são rigorosamente controladas para maximizar a produção de carne, leite ou ovos.

Vantagens da agricultura intensiva

A agricultura intensiva oferece uma série de vantagens significativas, nomeadamente em termos de produtividade e de segurança alimentar:

Aumento da produtividade: A agricultura intensiva permite a produção de grandes quantidades de culturas e produtos animais em pequenas áreas. Este aumento da produtividade é essencial para satisfazer a crescente procura de alimentos de uma população mundial em expansão.

Eficiência económica: A mecanização e a utilização de produtos químicos permitem reduzir os custos de mão de obra e otimizar os recursos, melhorando assim a eficiência económica das explorações.

Disponibilidade de alimentos: Ao aumentar a produção agrícola, a agricultura intensiva contribui para a disponibilidade de alimentos, reduzindo o risco de escassez de alimentos e de fome.

Inovação tecnológica: A agricultura intensiva incentiva a inovação tecnológica e o desenvolvimento de novas técnicas agrícolas, que podem melhorar a resiliência e a sustentabilidade dos sistemas agrícolas a longo prazo.

Especialização e economias de escala: As explorações intensivas podem especializar-se na produção de culturas ou produtos animais específicos, beneficiando assim de economias de escala e de ganhos de produtividade.

Desvantagens da agricultura intensiva

Apesar das suas vantagens, a agricultura intensiva apresenta também uma série de desvantagens, nomeadamente em termos de impacto ambiental e de sustentabilidade:

Degradação do solo: A utilização intensiva de fertilizantes químicos e pesticidas pode levar à degradação do solo, reduzindo a sua fertilidade natural e a sua capacidade de retenção de água. Esta degradação pode levar à erosão do solo e à perda de terras aráveis.

Poluição da água: Os fertilizantes e pesticidas podem contaminar as fontes de água, levando à poluição de rios, lagos e águas subterrâneas. Esta poluição pode ter efeitos nocivos na biodiversidade aquática e na qualidade da água potável.

Emissões de gases com efeito de estufa: As práticas agrícolas intensivas, como a utilização de máquinas agrícolas e a criação intensiva de gado, contribuem para as emissões de gases com efeito de estufa, agravando as alterações climáticas. A utilização de fertilizantes azotados pode também levar a emissões de óxido nitroso, um poderoso gás com efeito de estufa.

Perda de biodiversidade: A monocultura e a utilização de pesticidas podem reduzir a biodiversidade dos agro-ecossistemas, afectando as populações de insectos polinizadores, aves e outras espécies benéficas. A perda de biodiversidade pode reduzir a capacidade de resistência dos sistemas agrícolas às perturbações.

Resistência aos pesticidas e aos antibióticos: A utilização intensiva de pesticidas pode levar ao desenvolvimento de resistência nas pragas, exigindo a utilização de quantidades crescentes de produtos químicos. Do mesmo modo, a utilização de antibióticos na criação intensiva de gado pode levar ao aparecimento de bactérias resistentes aos antibióticos, o que representa um risco para a saúde humana.

Saúde e bem-estar dos animais: Na pecuária intensiva, os animais são frequentemente criados em condições de confinamento que podem afetar a sua saúde e bem-estar. O stress, as doenças e os comportamentos anormais podem ser mais comuns nestes sistemas.

Dependência de factores de produção químicos: A agricultura intensiva cria uma dependência de factores de produção químicos, como fertilizantes e pesticidas, o que pode levar a custos elevados para os agricultores e a impactos ambientais negativos.

Práticas sustentáveis na agricultura intensiva

Para atenuar os impactos negativos da agricultura intensiva e promover uma agricultura mais sustentável, é possível adotar uma série de práticas:

Agricultura de conservação: A agricultura de conservação combina técnicas como a sementeira direta, a rotação de culturas e a cobertura vegetal permanente para melhorar a saúde dos solos, reduzir a erosão e aumentar a biodiversidade.

Gestão Integrada das Pragas (GIP): A GIP utiliza uma combinação de métodos biológicos, culturais e químicos para controlar as pragas de forma eficaz e sustentável, reduzindo a dependência dos pesticidas.

Fertilizantes orgânicos e biológicos: A utilização de composto, estrume e outros fertilizantes orgânicos pode melhorar a fertilidade do solo e reduzir a dependência de fertilizantes químicos. Os adubos verdes e as culturas de cobertura também podem enriquecer os solos com nutrientes.

Recursos hídricos económicos: A adoção de técnicas de irrigação eficientes, como a irrigação gota a gota, pode reduzir o consumo de água e minimizar as perdas por evaporação e escoamento.

Pecuária extensiva e agroflorestas: A integração da pecuária extensiva e das agroflorestas pode diversificar os sistemas agrícolas, melhorar a resiliência e reduzir os impactos ambientais. As árvores podem proporcionar sombra, habitats para a vida selvagem e serviços ecossistémicos valiosos.

Utilização de variedades e raças resistentes: A seleção de variedades de culturas e de raças de animais resistentes a condições meteorológicas extremas, doenças e pragas pode melhorar a sustentabilidade e a produtividade dos sistemas agrícolas intensivos.

Tecnologias de precisão: A agricultura de precisão utiliza tecnologias avançadas, como sensores, drones e sistemas GPS, para otimizar a utilização de factores de produção e melhorar a eficiência das práticas agrícolas. Isto reduz as perdas e minimiza o impacto ambiental.

Perspectivas para a agricultura intensiva

O futuro da agricultura intensiva dependerá da capacidade dos agricultores, investigadores e decisores políticos para integrar práticas sustentáveis e responder aos desafios ambientais e sociais. Eis algumas perspectivas para a agricultura intensiva:

Inovação tecnológica: Os avanços tecnológicos continuarão a desempenhar um papel fundamental na melhoria da eficiência e da sustentabilidade da agricultura intensiva. As inovações no domínio das biotecnologias, das tecnologias de precisão e dos sistemas de gestão dos recursos ajudarão a enfrentar os desafios da produção alimentar.

Políticas e regulamentos: As políticas e a regulamentação desempenharão um papel crucial na promoção de práticas agrícolas sustentáveis. Os incentivos económicos, os subsídios e as normas ambientais podem encorajar os agricultores a adotar práticas mais respeitadoras do ambiente.

Educação e formação: A formação dos agricultores em técnicas sustentáveis e o seu acesso a informações científicas e técnicas actualizadas serão essenciais para incentivar a transição para uma agricultura intensiva mais sustentável.

Parcerias e cooperação: A cooperação entre agricultores, investigadores, indústria e governos será essencial para desenvolver soluções inovadoras e sustentáveis. As parcerias público-privadas podem facilitar a transferência de tecnologias e a aplicação de práticas sustentáveis em grande escala.

Envolvimento dos consumidores: Os consumidores desempenham um papel importante na influência das práticas agrícolas através das suas escolhas de compra. A procura crescente de produtos sustentáveis e de alta qualidade pode incentivar os agricultores a adoptarem práticas mais respeitadoras do ambiente.

Adaptação às alterações climáticas: A agricultura intensiva terá de se adaptar aos impactos das alterações climáticas, como as variações de temperatura, as secas e as inundações. A adoção de práticas resistentes e a diversificação dos sistemas agrícolas serão essenciais para manter a produtividade e a segurança alimentar.

Em conclusão, a agricultura intensiva oferece oportunidades significativas para aumentar a produtividade e satisfazer a procura mundial de alimentos. No entanto, apresenta também desafios ambientais e sociais que exigem uma atenção e uma gestão adequadas. Ao integrar práticas sustentáveis e ao adotar uma abordagem equilibrada, a agricultura intensiva pode contribuir para um sistema alimentar mais resistente e sustentável, capaz de alimentar uma população mundial em crescimento, preservando simultaneamente os recursos naturais e a saúde dos ecossistemas.

Capítulo 21: Agricultura biológica

A agricultura biológica é um método de produção agrícola que privilegia a utilização de práticas sustentáveis que respeitam o ambiente. Evita a utilização de produtos químicos sintéticos, privilegiando os processos naturais para manter a fertilidade do solo, controlar as pragas e as doenças e promover a biodiversidade. Este capítulo explora as técnicas e os princípios da agricultura biológica, o processo de certificação e o mercado dos produtos biológicos.

Princípios da agricultura biológica

A agricultura biológica baseia-se numa série de princípios fundamentais que orientam as práticas agrícolas e as decisões de gestão:

Saúde dos solos, das plantas, dos animais e dos seres humanos: A agricultura biológica tem por objetivo promover a saúde e o bem-estar dos solos, das plantas, dos animais e dos seres humanos, utilizando práticas que reforçam os ciclos biológicos naturais e a biodiversidade.

Ecologia: As práticas biológicas são concebidas para funcionar em harmonia com os ecossistemas naturais, utilizando recursos locais e renováveis e minimizando o impacto ambiental.

Equidade: A agricultura biológica compromete-se a tratar todas as partes interessadas de forma justa, incluindo os agricultores, os trabalhadores agrícolas, os consumidores e as comunidades locais, promovendo relações justas e transparentes.

Precaução: As decisões na agricultura biológica são tomadas com precaução, avaliando os riscos e os impactos potenciais no ambiente e na saúde humana antes de introduzir novas tecnologias ou práticas.

Técnicas de agricultura biológica

Os agricultores biológicos utilizam uma variedade de técnicas para manter a fertilidade do solo, controlar as pragas e as doenças e promover a biodiversidade. Eis algumas das principais técnicas:

Rotação de culturas: A rotação de culturas consiste em alternar os tipos de culturas cultivadas na mesma parcela de uma estação para a outra para evitar o esgotamento do solo e reduzir as infestações de pragas e doenças.

Fertilizantes orgânicos: Os agricultores biológicos utilizam fertilizantes orgânicos, como o composto, o estrume e o adubo verde, para enriquecer o solo com nutrientes e melhorar a sua estrutura.

Gestão de pragas e doenças : A gestão integrada das pragas (IPM) é utilizada para controlar as pragas e doenças através da combinação de métodos biológicos, culturais e mecânicos. Inclui a utilização de predadores naturais, armadilhas, barreiras físicas e plantas repelentes.

Culturas de cobertura: As culturas de cobertura, como as leguminosas, são plantadas para proteger o solo da erosão, melhorar a estrutura do solo e fixar o azoto atmosférico.

Cobertura morta: A cobertura morta consiste em cobrir o solo com materiais orgânicos, como palha ou aparas de madeira, para conservar a humidade, suprimir as ervas daninhas e adicionar matéria orgânica ao solo.

Seleção de variedades resistentes: Os agricultores biológicos seleccionam variedades de plantas e raças de animais que são naturalmente resistentes às doenças e adaptadas às condições locais.

Gestão da água: A agricultura biológica utiliza técnicas sustentáveis de gestão da água, como a irrigação gota a gota, para minimizar o consumo de água e maximizar a eficiência da irrigação.

Biodiversidade: A diversificação das culturas e a integração de práticas agro-florestais são incentivadas para promover a biodiversidade e criar ecossistemas agrícolas resistentes.

Certificação da agricultura biológica

A certificação biológica é um processo que garante que os produtos agrícolas são cultivados e processados de acordo com as normas biológicas estabelecidas. A certificação é importante para garantir a confiança dos consumidores e a integridade do mercado biológico. Eis as principais etapas do processo de certificação:

Pedido de certificação: Os agricultores e transformadores interessados na certificação biológica devem apresentar um pedido a um organismo de certificação acreditado. O pedido inclui informações sobre as práticas agrícolas, os factores de produção utilizados e os planos de gestão da exploração.

Inspeção: Uma inspeção no local é realizada por um inspetor certificado para verificar se as práticas agrícolas cumprem as normas biológicas. A inspeção inclui uma avaliação dos campos, instalações de processamento, registos e práticas de gestão.

Análise da conformidade: Os resultados da inspeção são examinados pelo organismo de certificação, que determina se a exploração agrícola ou a instalação de transformação cumprem as normas biológicas.

Certificação: Se todos os requisitos forem cumpridos, o organismo de certificação emite um certificado biológico, permitindo ao agricultor ou ao transformador comercializar os seus produtos como biológicos.

Monitorização e renovação: A certificação biológica é um processo contínuo que requer inspecções anuais e monitorização regular para garantir que as práticas agrícolas e de processamento continuam a cumprir as normas biológicas.

Mercado de produtos orgânicos

O mercado dos produtos biológicos está a crescer rapidamente, impulsionado pela crescente procura dos consumidores por alimentos saudáveis e sustentáveis, isentos de químicos sintéticos. Eis algumas tendências e perspectivas do mercado de produtos biológicos:

Crescimento da procura: A procura global de produtos biológicos aumentou significativamente nas últimas décadas, sobretudo nos países desenvolvidos. Os consumidores estão cada vez mais conscientes dos benefícios dos produtos biológicos para a saúde e o ambiente.

Diversificação dos produtos: O mercado biológico diversificou-se para incluir uma vasta gama de produtos, incluindo frutas e legumes frescos, produtos lácteos, carne, produtos transformados, bebidas, têxteis e cosméticos.

Preços e prémios: Os produtos biológicos são frequentemente vendidos a preços mais elevados do que os produtos convencionais, devido aos custos adicionais associados às práticas agrícolas sustentáveis e à certificação. Os agricultores biológicos podem beneficiar de prémios de preço para os seus produtos.

Canais de distribuição: Os produtos biológicos estão disponíveis através de uma variedade de canais de distribuição, incluindo supermercados, mercados de agricultores, lojas especializadas e vendas em linha. Os sistemas de distribuição curta, como as vendas directas ao consumidor e as assinaturas de cabazes biológicos, também são populares.

Políticas de apoio: Muitos governos e organizações internacionais apoiam o desenvolvimento da agricultura biológica através de subsídios, programas de formação, investigação e políticas favoráveis. Estas iniciativas têm por objetivo incentivar a transição para práticas agrícolas sustentáveis e reforçar o mercado dos produtos biológicos.

Certificação e rotulagem: A certificação e a rotulagem dos produtos biológicos desempenham um papel crucial na diferenciação dos produtos no mercado e na garantia de autenticidade para os consumidores. Os rótulos biológicos são amplamente reconhecidos e valorizados pelos consumidores.

Vantagens da agricultura biológica

A agricultura biológica oferece uma série de benefícios para o ambiente, a saúde humana e as comunidades agrícolas:

Proteção do ambiente: Ao evitar a utilização de produtos químicos de síntese, a agricultura biológica ajuda a proteger o solo, a água e a biodiversidade. As práticas biológicas favorecem a regeneração dos solos, a conservação da água e a criação de habitats para a vida selvagem.

Saúde humana: Os produtos biológicos estão isentos de resíduos de pesticidas e fertilizantes químicos, reduzindo os riscos para a saúde dos consumidores. Além disso, os alimentos biológicos são frequentemente mais ricos em nutrientes e antioxidantes.

Bem-estar dos animais: A agricultura biológica centra-se no bem-estar dos animais, proporcionando-lhes condições de vida adaptadas às suas necessidades naturais, como o acesso ao ar livre, áreas de habitação espaçosas e alimentação biológica.

Resiliência e sustentabilidade: Os sistemas de agricultura biológica são mais resistentes aos choques climáticos e económicos, devido à diversificação das culturas, à saúde dos solos e às práticas de gestão sustentáveis. A agricultura biológica contribui para a sustentabilidade a longo prazo das explorações agrícolas.

Capacitação dos agricultores: A agricultura biológica incentiva a capacitação dos agricultores, reduzindo a dependência de factores de produção químicos e promovendo a utilização de recursos locais e renováveis. Os agricultores biológicos podem também beneficiar de preços mais elevados para os seus produtos.

Os desafios e as oportunidades da agricultura biológica

Apesar das suas muitas vantagens, a agricultura biológica também apresenta desafios que têm de ser ultrapassados para garantir o seu sucesso e crescimento:

Rendimentos: O rendimento das culturas biológicas pode ser inferior ao das culturas convencionais, nomeadamente durante o período de transição para as práticas biológicas. Os agricultores devem adotar técnicas de gestão eficazes para manter e melhorar os rendimentos.

Certificação: O processo de certificação biológica pode ser dispendioso e complexo, sobretudo para os pequenos agricultores. É importante fornecer apoio técnico e financeiro para facilitar o acesso à certificação.

Concorrência: O mercado dos produtos biológicos é cada vez mais competitivo, com um número crescente de produtores e transformadores. Os agricultores biológicos precisam de se destacar pela qualidade dos seus produtos e pelas suas práticas sustentáveis.

Educação e sensibilização: É essencial educar os consumidores sobre os benefícios dos produtos biológicos e sensibilizar os agricultores para as práticas biológicas. As campanhas de sensibilização e os programas de formação podem desempenhar um papel crucial na promoção da agricultura biológica.

Investigação e inovação: A investigação e a inovação são essenciais para o desenvolvimento de novas técnicas e variedades adaptadas à agricultura biológica. As parcerias entre agricultores, investigadores e instituições de investigação podem promover a inovação e a melhoria das práticas biológicas.

Acesso ao mercado: Facilitar o acesso dos agricultores biológicos aos mercados é crucial para o crescimento do sector. As iniciativas de marketing, as infra-estruturas de distribuição e as políticas de apoio podem ajudar a ultrapassar os obstáculos ao acesso ao mercado.

Estudos de casos de sucesso

Para ilustrar o sucesso da agricultura biológica, vejamos alguns casos de estudo notáveis:

Rodale Organic Farm, EUA: A Rodale Farm é pioneira da agricultura biológica nos Estados Unidos, demonstrando os benefícios das práticas biológicas desde a década de 1940. Utilizando técnicas como a rotação de culturas, a compostagem e a gestão integrada de pragas, a quinta conseguiu manter elevados rendimentos e melhorar a saúde do solo.

A Rede de explorações agrícolas biológicas na Europa: Em toda a Europa, muitas explorações agrícolas biológicas trabalham em redes para partilhar conhecimentos, recursos e inovações. Estas redes facilitam a transição para a agricultura biológica e melhoram a resiliência das explorações agrícolas. Por exemplo, o projeto Territórios do Património Biocultural em Espanha integra práticas agrícolas tradicionais e biológicas para promover a sustentabilidade e a diversidade cultural.

Agricultura Urbana Orgânica em Cuba: Em Cuba, a agricultura urbana orgânica surgiu em resposta à escassez de alimentos após a queda da União Soviética. As hortas urbanas orgânicas, conhecidas como organopónicos, produzem uma grande parte dos vegetais frescos consumidos nas cidades cubanas. Estas hortas utilizam técnicas orgânicas como a compostagem, o controlo biológico e a rotação de culturas para garantir uma produção sustentável.

Estes exemplos mostram como a agricultura biológica pode ser uma forma eficaz de melhorar a sustentabilidade, a saúde e a resiliência dos sistemas agrícolas. Ao adoptarem práticas biológicas e ultrapassarem os desafios associados, os agricultores podem contribuir para um futuro agrícola mais sustentável e equitativo.

Capítulo 22: Agricultura urbana

A agricultura urbana é uma prática cada vez mais popular que envolve o cultivo de plantas e a criação de animais em ambientes urbanos e periurbanos. Esta abordagem responde a muitos desafios actuais, como a insegurança alimentar, a falta de espaços verdes e os problemas ambientais. A agricultura urbana está a desenvolver-se graças às inovações tecnológicas e às iniciativas comunitárias que estão a transformar as cidades em centros de produção alimentar sustentável. Este capítulo explora o desenvolvimento da agricultura urbana, as inovações, os desafios e os benefícios para as comunidades urbanas.

Desenvolvimento da agricultura urbana

A agricultura urbana engloba uma variedade de práticas e modelos, desde hortas comunitárias a quintas verticais. O desenvolvimento da agricultura urbana baseia-se em vários factores:

Crescimento da população urbana: À medida que a população urbana cresce, aumenta também a procura de alimentos frescos e locais. A agricultura urbana permite satisfazer esta procura através da produção direta de alimentos nas cidades.

Espaço limitado: O espaço disponível para a agricultura tradicional é limitado nas zonas urbanas. A agricultura urbana maximiza a utilização do espaço disponível, como telhados, paredes, terrenos vagos e varandas.

Tecnologias avançadas: As inovações tecnológicas, como a hidroponia, a aquaponia e os sistemas de cultivo vertical, permitem cultivar plantas de forma eficiente e produtiva em ambientes urbanos restritos.

Iniciativas comunitárias: As iniciativas comunitárias e as organizações sem fins lucrativos desempenham um papel crucial no desenvolvimento da agricultura urbana, mobilizando os residentes, fornecendo recursos e criando redes de apoio.

Políticas de apoio: As políticas municipais e os programas governamentais de apoio encorajam o desenvolvimento da agricultura urbana através de incentivos, subsídios e infra-estruturas.

Inovações na agricultura urbana

A agricultura urbana é marcada por uma série de inovações que estão a tornar a produção de alimentos mais eficiente e sustentável. Eis algumas das principais inovações:

Hidroponia: A hidroponia permite o cultivo de plantas sem solo, utilizando uma solução nutritiva. Os sistemas hidropónicos podem ser instalados em telhados, varandas e no interior de edifícios, maximizando a utilização do espaço e reduzindo o consumo de água.

Aquaponia: A aquaponia combina a aquacultura (criação de peixes) e a hidroponia num sistema simbiótico. Os resíduos dos peixes fornecem nutrientes para as plantas, enquanto as plantas filtram a água para os peixes. Este sistema integrado é sustentável e altamente produtivo.

Agricultura vertical: As explorações agrícolas verticais utilizam estruturas empilhadas para cultivar plantas em altura, optimizando a utilização do espaço vertical. As tecnologias de cultivo vertical incluem torres de cultivo, prateleiras móveis e paredes de plantas.

Jardins no telhado: Os telhados dos edifícios são transformados em jardins ou quintas, proporcionando espaço de cultivo adicional em zonas urbanas densas. Os jardins de cobertura também contribuem para a regulação térmica dos edifícios e para a gestão das águas pluviais.

Estufas urbanas: As estufas urbanas utilizam estruturas de vidro ou plástico para criar ambientes de cultivo controlados. Prolongam os períodos de crescimento e melhoram os rendimentos através da utilização de técnicas avançadas de gestão do clima.

Agricultura conectada: A agricultura urbana conectada utiliza sensores, sistemas de monitorização em tempo real e tecnologias da Internet das Coisas (IoT) para otimizar as condições de cultivo e a gestão dos recursos. Os agricultores podem monitorizar e ajustar remotamente parâmetros como a humidade, a temperatura e os níveis de nutrientes.

Os desafios da agricultura urbana

Apesar das suas muitas vantagens, a agricultura urbana apresenta uma série de desafios que têm de ser ultrapassados para garantir o seu sucesso e sustentabilidade:

Acesso ao espaço: Encontrar espaço disponível para a agricultura em zonas urbanas densamente povoadas pode ser difícil. A competição pelo uso do solo urbano é intensa, e o espaço disponível pode ser caro.

Custos iniciais: Os custos iniciais da instalação de sistemas de agricultura urbana, como estufas, sistemas hidropónicos e quintas verticais, podem ser elevados. Os agricultores urbanos precisam de encontrar formas de financiar estes investimentos.

Competências técnicas: A agricultura urbana exige competências técnicas específicas, sobretudo no que respeita a sistemas avançados como a hidroponia e a aquaponia. A formação e a educação são essenciais para garantir o sucesso dos agricultores urbanos.

Regulamentos e políticas: Os regulamentos municipais podem limitar o desenvolvimento da agricultura urbana. Os agricultores urbanos têm de navegar em quadros regulamentares complexos para obterem as autorizações necessárias e cumprirem as normas de saúde e segurança.

Gestão dos recursos: A gestão eficiente dos recursos, como a água, a energia e os nutrientes, é crucial para a sustentabilidade da agricultura urbana. Os agricultores precisam de adotar práticas de gestão sustentáveis para minimizar o impacto ambiental.

Consciencialização e aceitação da comunidade: Ganhar a aceitação e o apoio dos residentes urbanos é importante para o sucesso dos projectos de agricultura urbana. As iniciativas devem ser bem comunicadas e integradas nas comunidades locais.

Benefícios para as comunidades urbanas

A agricultura urbana oferece muitos benefícios às comunidades urbanas, desde a melhoria da segurança alimentar até à promoção da sustentabilidade ambiental. Eis alguns dos principais benefícios:

Segurança alimentar: A agricultura urbana melhora a segurança alimentar ao produzir alimentos frescos e nutritivos diretamente nas cidades. Isto reduz a dependência de cadeias de abastecimento longas e vulneráveis e garante o acesso constante a alimentos de qualidade.

Reduzir a pegada de carbono: Ao produzir alimentos localmente, a agricultura urbana reduz as distâncias de transporte e as emissões de gases com efeito de estufa associadas. Também ajuda a reduzir a utilização de embalagens e o consumo de energia.

Melhoria da qualidade do ar: As plantas cultivadas em ambientes urbanos absorvem dióxido de carbono e libertam oxigénio, ajudando a melhorar a qualidade do ar. As hortas urbanas e os muros verdes podem também reduzir os níveis de poluição atmosférica.

Criação de emprego e rendimento: A agricultura urbana cria oportunidades de emprego para os residentes urbanos, particularmente na produção de alimentos, gestão de sistemas agrícolas e venda a retalho. Pode também gerar rendimentos adicionais para os agricultores urbanos.

Educação e sensibilização: Os projectos de agricultura urbana oferecem oportunidades de educação aos residentes, em especial às crianças e aos jovens. Eles podem aprender sobre a produção de alimentos, a sustentabilidade e a importância da agricultura.

Construção de comunidades: As hortas comunitárias e as quintas urbanas criam espaços onde os residentes se podem encontrar e socializar. Reforçam os laços comunitários e incentivam a cooperação e a ajuda mútua.

Reduzir os resíduos alimentares: A agricultura urbana pode ajudar a reduzir os resíduos alimentares através da utilização de técnicas de compostagem e da reciclagem de resíduos orgânicos para enriquecer o solo e alimentar as plantas.

Melhorar a resiliência urbana: Ao diversificar as fontes de abastecimento alimentar e ao criar sistemas de produção locais, a agricultura urbana melhora a resiliência das cidades às perturbações económicas e ambientais.

Estudos de casos de sucesso

Para ilustrar o sucesso da agricultura urbana, vejamos alguns casos de estudo notáveis:

Quinta vertical Sky Greens em Singapura: A Sky Greens é uma quinta vertical inovadora situada em Singapura, uma cidade-estado com pouca terra arável. A quinta utiliza torres de cultivo rotativas para produzir legumes frescos de forma eficiente e sustentável. As torres são alimentadas por um sistema hidráulico de baixo consumo de energia e a água é reciclada para minimizar os resíduos. A Sky Greens fornece legumes frescos aos supermercados locais, reduzindo a dependência das importações de alimentos.

Brooklyn Grange Rooftop Gardens em Nova Iorque, EUA: A Brooklyn Grange gere várias hortas em telhados na cidade de Nova Iorque, produzindo legumes, ervas aromáticas e mel para mercados e restaurantes locais. As hortas no telhado da Brooklyn Grange também contribuem para a gestão das águas pluviais e para a regulação térmica dos edifícios. Para além da produção de alimentos, a Brooklyn Grange oferece programas educativos e eventos comunitários.

Organopónicos em Havana, Cuba: Em resposta à escassez de alimentos na década de 1990, Havana desenvolveu uma rede de hortas urbanas denominadas organopónicos. Estas hortas utilizam técnicas biológicas e factores de produção locais para produzir uma grande parte dos legumes frescos consumidos na cidade. Os organopónicos melhoraram a segurança alimentar, criaram empregos e reforçaram a resiliência urbana em Cuba.

Estes exemplos mostram como a agricultura urbana pode transformar as cidades em centros de produção alimentar sustentável, ao mesmo tempo que proporciona benefícios sociais, económicos e ambientais significativos. Ao adotar inovações tecnológicas e ultrapassar desafios, as comunidades urbanas podem tirar partido da agricultura urbana para criar ambientes mais resistentes, saudáveis e sustentáveis.

Capítulo 23: Agroflorestação

A agro-silvicultura é uma prática agrícola que combina a agricultura e a silvicultura através da integração de árvores e arbustos em sistemas de cultivo e de criação de gado. Esta abordagem tem como objetivo criar ecossistemas agrícolas diversificados e sustentáveis que melhorem a produtividade, a resiliência e a biodiversidade das explorações agrícolas. A agrossilvicultura oferece muitos benefícios, tanto para o ambiente como para os agricultores. Este capítulo explora os princípios da agrofloresta, as técnicas actuais e os benefícios para a biodiversidade e a produtividade agrícola.

Princípios da Agroflorestação

A agrossilvicultura baseia-se numa série de princípios fundamentais que orientam a conceção e a gestão dos sistemas agroflorestais:

Diversidade: A agrossilvicultura promove a diversidade de espécies vegetais e animais, integrando árvores, arbustos, culturas anuais e perenes e gado num único sistema. Esta diversidade melhora a resistência dos sistemas agrícolas às pressões ambientais e económicas.

Complementaridade: As espécies vegetais e animais nos sistemas agroflorestais são escolhidas pelas suas interacções complementares. As árvores e os arbustos podem fornecer sombra, nutrientes, habitat e proteção contra o vento para as culturas e os animais.

Sustentabilidade: A agrossilvicultura tem por objetivo melhorar a sustentabilidade dos sistemas agrícolas, preservando os recursos naturais, melhorando a fertilidade dos solos e aumentando a capacidade de regeneração dos ecossistemas.

Economia circular: Os sistemas agro-florestais procuram maximizar a utilização dos recursos locais e minimizar os resíduos através da reciclagem de nutrientes e da incorporação de práticas de gestão sustentáveis.

Técnicas agro-florestais

A agrossilvicultura engloba uma variedade de técnicas e práticas que podem ser adaptadas às condições locais e aos objectivos dos agricultores. Eis algumas das técnicas normalmente utilizadas na agroflorestação:

Sistemas agro-florestais: Estes sistemas combinam a criação de animais com a gestão de árvores e arbustos. Os animais pastam debaixo das árvores, que fornecem sombra e forragem complementar. As árvores também podem ser colhidas para madeira, lenha ou frutos.

Sistemas Agroflorestais Silvoaráveis: Estes sistemas integram culturas anuais ou perenes com árvores e arbustos. As culturas são plantadas entre fileiras de árvores, diversificando a produção e melhorando a fertilidade do solo através da adição de matéria orgânica das árvores.

Sebes e quebra-ventos: As sebes e os quebra-ventos são filas de árvores e arbustos plantados à volta ou dentro dos campos para proteger as culturas dos ventos fortes, reduzir a erosão do solo e proporcionar um habitat para a vida selvagem. As sebes podem também produzir frutos, nozes, lenha e outros produtos úteis.

Jardins florestais: Os jardins florestais imitam a estrutura das florestas naturais, integrando árvores de fruto, arbustos, plantas perenes e culturas anuais num sistema estratificado. Esta abordagem maximiza a utilização do espaço vertical e cria um ecossistema diversificado e produtivo.

Reflorestação Agroflorestal: Esta técnica consiste em reflorestar terras degradadas ou marginais através da integração de culturas e árvores. A reflorestação melhora a qualidade do solo, evita a erosão e contribui para o sequestro de carbono.

Sistemas Agroflorestais Integrados: Estes sistemas combinam várias práticas agroflorestais na mesma exploração agrícola para maximizar os benefícios ecológicos e económicos. Por exemplo, uma exploração agrícola pode incluir sistemas silvopastoris, sebes, jardins florestais e culturas intercalares.

Benefícios para a biodiversidade

A agrossilvicultura oferece muitos benefícios para a biodiversidade, criando habitats diversos e melhorando a resiliência dos ecossistemas agrícolas:

Habitat para a vida selvagem: As árvores e os arbustos em sistemas agroflorestais proporcionam habitats para uma variedade de espécies animais, incluindo aves, insectos polinizadores, mamíferos e répteis. Estes habitats promovem a biodiversidade e ajudam a regular as populações de pragas.

Melhorar a qualidade do solo: As árvores e os arbustos melhoram a qualidade do solo aumentando a matéria orgânica, fixando o azoto (no caso das leguminosas) e melhorando a estrutura do solo. Um solo de melhor qualidade favorece o crescimento das plantas e a diversidade dos organismos do solo.

Polinização e controlo de pragas: A diversidade de plantas nos sistemas agroflorestais atrai uma variedade de insectos polinizadores e predadores naturais de pragas. Isto melhora a polinização das culturas e reduz a necessidade de pesticidas.

Conservação de espécies endémicas: A agrossilvicultura permite conservar espécies vegetais e animais locais que podem ser ameaçadas por práticas agrícolas intensivas. A diversidade genética das espécies locais é preservada, o que é essencial para a resiliência dos ecossistemas.

Sequestro de carbono: As árvores e os arbustos sequestram carbono na sua biomassa e no solo, ajudando a combater as alterações climáticas. Os sistemas agroflorestais podem armazenar mais carbono do que os sistemas agrícolas convencionais.

Benefícios para a produtividade agrícola

Para além dos benefícios para a biodiversidade, a agrofloresta também melhora a produtividade agrícola de várias formas:

Melhoria da fertilidade do solo: As árvores e os arbustos enriquecem os solos com matéria orgânica, aumentando a sua capacidade de reter água e nutrientes. Isto melhora a fertilidade do solo e a produtividade das culturas.

Proteção contra a erosão: Os sistemas agro-florestais reduzem a erosão do solo, estabilizando os declives e protegendo o solo contra o vento e a chuva. Menos erosão significa uma melhor conservação do solo fértil e uma produção agrícola mais estável.

Microclima favorável: As árvores criam microclimas favoráveis, proporcionando sombra e reduzindo a velocidade do vento. Isto protege as culturas de temperaturas extremas e condições climatéricas adversas, melhorando os rendimentos.

Diversificação dos rendimentos: A agro-silvicultura ajuda a diversificar as fontes de rendimento através da produção de uma variedade de produtos, tais como frutos, nozes, madeira, produtos medicinais e forragens. Esta diversificação reduz os riscos económicos para os agricultores.

Redução dos custos dos factores de produção: Ao melhorar a fertilidade do solo e ao fornecer forragem e nutrientes naturais, a agrofloresta pode reduzir a dependência de fertilizantes químicos e pesticidas. Isto reduz os custos dos factores de produção para os agricultores.

Resiliência aos choques: Os sistemas agroflorestais são mais resistentes aos choques climáticos e económicos devido à sua diversidade e capacidade de regeneração. Os agricultores podem enfrentar melhor as secas, as inundações e as flutuações dos preços de mercado.

Estudos de casos de sucesso

Para ilustrar os benefícios da agrofloresta, vejamos alguns casos de estudo notáveis:

Sistemas silvopastoris em França: Em França, muitos agricultores adoptam sistemas silvopastoris, integrando árvores de fruto e árvores florestais com pastagens para os seus animais. Estes sistemas melhoram a fertilidade do solo, proporcionam sombra aos animais e produzem frutos e lenha. Os agricultores beneficiam da diversificação dos rendimentos e de uma maior resistência aos riscos climáticos.

Agroflorestação na Índia: Na Índia, a agroflorestação é utilizada para combater a degradação das terras e melhorar a segurança alimentar. Os agricultores plantam árvores como o neem, a manga e o tamarindo nos seus campos de culturas alimentares. Estas árvores fornecem frutos, medicamentos e lenha, ao mesmo tempo que melhoram a fertilidade do solo e reduzem a erosão.

Hortas florestais na África Ocidental: Na África Ocidental, as hortas florestais tradicionais incorporam uma grande variedade de plantas, incluindo árvores de fruto, plantas medicinais e culturas alimentares. Estes sistemas agro-florestais proporcionam uma dieta variada, rendimentos adicionais e produtos medicinais, ao mesmo tempo que conservam a biodiversidade local.

Sebes e quebra-ventos no Reino Unido: No Reino Unido, as sebes tradicionais são utilizadas para delimitar os campos.

Capítulo 24: Agricultura de precisão

A agricultura de precisão é uma abordagem moderna da gestão agrícola que utiliza tecnologias de ponta para otimizar a produção. Baseia-se na utilização de dados pormenorizados e de ferramentas avançadas para tomar decisões informadas, melhorar a eficiência dos recursos, aumentar os rendimentos e reduzir os impactos ambientais. Este capítulo explora os princípios da agricultura de precisão, as tecnologias utilizadas e a importância dos dados e da gestão precisa das culturas.

Princípios da agricultura de precisão

A agricultura de precisão baseia-se numa série de princípios fundamentais:

Recolha de dados: A agricultura de precisão implica a recolha de dados pormenorizados sobre as condições do solo, as culturas, o clima e outros factores que influenciam a produção agrícola. Estes dados são essenciais para compreender as variações espaciais e temporais nos campos.

Gestão específica do local: Ao contrário da agricultura convencional, que frequentemente trata os campos como entidades homogéneas, a agricultura de precisão reconhece as variações dentro dos campos e adapta as práticas agrícolas em conformidade. Cada área do campo pode ser gerida de uma forma específica para otimizar a produção.

Otimização dos factores de produção: Ao utilizar dados precisos, a agricultura de precisão pode otimizar a utilização de factores de produção, como fertilizantes, pesticidas e água. Isto reduz os custos, minimiza o impacto ambiental e melhora a sustentabilidade dos sistemas agrícolas.

Tomada de decisões com base em dados: As decisões agrícolas são tomadas com base na análise de dados e em modelos de previsão. Isto permite aos agricultores reagir rapidamente às mudanças e otimizar as operações agrícolas.

Tecnologias utilizadas na agricultura de precisão

A agricultura de precisão utiliza uma variedade de tecnologias avançadas para recolher e analisar dados e para implementar práticas agrícolas precisas. Eis algumas das principais tecnologias utilizadas:

Sistemas de Posicionamento Global (GPS): O GPS permite aos agricultores cartografar com exatidão os seus campos e seguir as operações agrícolas com grande precisão. O equipamento agrícola equipado com GPS pode ser utilizado para aplicações específicas no local, como a plantação, a fertilização e a pulverização.

Sensores de solo e de culturas: Os sensores são utilizados para medir parâmetros como a humidade do solo, a temperatura, a condutividade eléctrica, o teor de nutrientes e o estado das culturas. Estes sensores fornecem dados em tempo real que podem ser utilizados para ajustar as práticas de gestão das culturas.

Drones e imagens aéreas: Os drones equipados com câmaras de imagem multiespectral e térmica são utilizados para monitorizar as culturas e os solos. Podem captar imagens pormenorizadas que revelam informações sobre a saúde das plantas, infestações de pragas, doenças e deficiências de nutrientes.

Sistemas de Informação Geográfica (SIG): Os SIG permitem a recolha, armazenamento, análise e visualização de dados geoespaciais. Os agricultores podem utilizar o SIG para mapear as variações dentro dos campos e planear intervenções de gestão específicas.

Modelos preditivos e Big Data: Os modelos preditivos e a análise de Big Data utilizam algoritmos para analisar grandes quantidades de dados e prever tendências futuras. Estas ferramentas podem ajudar os agricultores a antecipar as necessidades de água, nutrientes e proteção das culturas.

Maquinaria agrícola inteligente: O equipamento agrícola inteligente, como os tractores autónomos e os pulverizadores de precisão, está equipado com sensores e sistemas de controlo que permitem operações precisas e automatizadas. Estas máquinas podem ajustar as taxas de aplicação de insumos em tempo real com base nos dados recolhidos.

A importância dos dados na agricultura de precisão

Os dados desempenham um papel central na agricultura de precisão. Ao recolher, analisar e utilizar os dados de forma eficaz, podemos otimizar a gestão das culturas e melhorar os resultados agrícolas.

Recolha de dados de alta precisão: A recolha de dados exactos e detalhados é o primeiro passo na agricultura de precisão. Sensores, drones, satélites e equipamento GPS recolhem dados sobre uma variedade de parâmetros, como as propriedades do solo, o crescimento das culturas, as condições climatéricas e os níveis de nutrientes.

Análise e interpretação dos dados: Os dados recolhidos devem ser analisados e interpretados para fornecer informações úteis aos agricultores. O software de análise de dados e os modelos de previsão são utilizados para processar os dados e identificar tendências, anomalias e necessidades específicas das culturas.

Tomada de decisões informada: As decisões agrícolas são tomadas com base em informações derivadas da análise de dados. Os agricultores podem ajustar as práticas de gestão das culturas, como a irrigação, a fertilização e a proteção das culturas, de acordo com as necessidades específicas de cada área do campo.

Otimização dos recursos: A utilização eficaz dos dados permite otimizar a utilização dos recursos agrícolas, como a água, os fertilizantes e os pesticidas. Isto reduz os custos, minimiza o impacto ambiental e melhora a sustentabilidade dos sistemas agrícolas.

Monitorização e avaliação: Os dados são também utilizados para monitorizar e avaliar o desempenho das culturas e das práticas de gestão. Os agricultores podem monitorizar os resultados em tempo real e fazer ajustes, se necessário, para maximizar os rendimentos e a qualidade das culturas.

Benefícios da agricultura de precisão

A agricultura de precisão oferece muitos benefícios aos agricultores, ao ambiente e à sociedade em geral:

Aumento dos rendimentos: Ao otimizar as práticas de gestão das culturas, a agricultura de precisão permite aumentar os rendimentos e a qualidade das colheitas. Os agricultores podem produzir mais com menos recursos.

Redução de custos: A utilização eficiente dos factores de produção e dos recursos reduz os custos de produção. Os agricultores podem poupar em fertilizantes, pesticidas, água e energia.

Melhoria da sustentabilidade: A agricultura de precisão minimiza o impacto ambiental, reduzindo a utilização excessiva de produtos químicos e conservando os recursos naturais. Este facto contribui para a sustentabilidade a longo prazo dos sistemas agrícolas.

Resiliência às alterações climáticas: As tecnologias de precisão permitem aos agricultores adaptarem-se às variações climáticas em tempo real. Podem ajustar as práticas de gestão de acordo com as condições meteorológicas e as previsões climáticas, melhorando assim a resiliência das culturas.

Gestão eficiente dos recursos: A agricultura de precisão permite uma gestão eficiente dos recursos hídricos, nutricionais e energéticos. Os agricultores podem utilizar estes recursos de uma forma mais direccionada e eficiente.

Redução do impacto ambiental: Ao reduzir os produtos químicos e otimizar as práticas de gestão, a agricultura de precisão ajuda a reduzir a poluição do solo, da água e do ar. Isto protege os ecossistemas e a biodiversidade.

Os desafios da agricultura de precisão

Apesar das suas muitas vantagens, a agricultura de precisão também apresenta desafios que têm de ser ultrapassados para garantir a sua adoção e sucesso:

Custos iniciais elevados: A aplicação de tecnologias de precisão, como sensores, drones e sistemas de maquinaria inteligente, pode ser dispendiosa. Os agricultores têm de investir nestas tecnologias e na formação necessária para as utilizar eficazmente.

Complexidade técnica: A agricultura de precisão exige competências técnicas avançadas para recolher, analisar e interpretar dados. Os agricultores precisam de receber formação na utilização de tecnologias de precisão e de software de análise de dados.

Acesso à tecnologia : O acesso às tecnologias de precisão pode ser limitado em algumas regiões, nomeadamente nos países em desenvolvimento. As infra-estruturas, a conetividade e os recursos financeiros podem constituir obstáculos à adoção da agricultura de precisão.

Integração de dados: A recolha de dados de diferentes fontes e a sua integração num sistema coerente pode ser complexa. Os agricultores precisam de plataformas de gestão de dados eficazes para maximizar os benefícios da agricultura de precisão.

Adaptação às pequenas explorações agrícolas: As pequenas explorações agrícolas podem ter dificuldade em adotar tecnologias de precisão devido ao custo e à complexidade. É necessário desenvolver soluções adaptadas às pequenas explorações para permitir uma maior adoção.

Estudos de casos de sucesso

Para ilustrar os êxitos da agricultura de precisão, vejamos alguns casos de estudo notáveis:

John Deere e a revolução da maquinaria agrícola: A John Deere, uma empresa líder em maquinaria agrícola, desenvolveu uma gama de tractores e equipamentos inteligentes equipados com tecnologias de precisão. Estas máquinas utilizam GPS, sensores e software de análise para otimizar as operações agrícolas, reduzindo os custos e aumentando os rendimentos dos agricultores.

Projeto da Universidade de Wageningen nos Países Baixos: A Universidade de Wageningen levou a cabo um projeto de investigação sobre agricultura de precisão em culturas de batata. Utilizando drones, sensores de solo e modelos preditivos, os investigadores conseguiram otimizar a irrigação, a fertilização e a proteção das culturas, aumentando assim os rendimentos e reduzindo a utilização de produtos químicos.

Cooperativa agrícola na Argentina: Uma cooperativa agrícola na Argentina adoptou a agricultura de precisão para melhorar a gestão das culturas de soja e milho. Utilizando GPS, sensores de solo e software de análise, os membros da cooperativa conseguiram otimizar as práticas de gestão, reduzindo os custos e aumentando os rendimentos.

Estes exemplos mostram como a agricultura de precisão pode transformar as práticas agrícolas, melhorar a produtividade e promover a sustentabilidade. Ao adoptarem tecnologias de precisão e ultrapassarem desafios, os agricultores podem aproveitar os benefícios da agricultura de precisão para criar sistemas agrícolas mais eficientes, resistentes e amigos do ambiente.

Capítulo 25: Agricultura de subsistência

A agricultura de subsistência é uma forma de agricultura em que os agricultores se concentram principalmente na produção de alimentos para si próprios e para as suas famílias. Esta prática é comum em muitas zonas rurais do mundo, nomeadamente nos países em desenvolvimento. A agricultura de subsistência desempenha um papel crucial na segurança alimentar das famílias rurais, fornecendo-lhes alimentos de base e garantindo a sua sobrevivência em tempos de crise. Este capítulo explora as práticas da agricultura de subsistência, o seu papel na segurança alimentar e os desafios enfrentados pelos agricultores de subsistência.

Práticas agrícolas de subsistência

A agricultura de subsistência baseia-se em métodos e técnicas que permitem aos agricultores maximizar a produção de alimentos em pequenas áreas de terra. Eis algumas práticas comuns de agricultura de subsistência:

Policultura: A policultura consiste em cultivar várias espécies de plantas na mesma parcela de terra. Esta técnica permite diversificar as fontes de alimentação, reduzir o risco de fracasso das culturas e melhorar a fertilidade do solo, assegurando a complementaridade das culturas.

Rotação de culturas: A rotação de culturas é uma prática em que os agricultores alternam os tipos de culturas cultivadas na mesma parcela de uma estação para a outra. Esta técnica ajuda a manter a fertilidade do solo, a controlar as pragas e as doenças e a reduzir o esgotamento dos nutrientes.

Utilização de variedades locais: Os agricultores de subsistência preferem frequentemente variedades de plantas locais e tradicionais, que estão mais bem adaptadas às condições ambientais locais e são mais resistentes a doenças e pragas.

Fertilizantes orgânicos: A utilização de fertilizantes orgânicos, como o composto e o estrume, é comum na agricultura de subsistência. Estes fertilizantes melhoram a fertilidade do solo e fornecem às plantas os nutrientes de que necessitam de uma forma sustentável.

Técnicas de conservação da água: Os agricultores de subsistência utilizam técnicas de conservação da água, como terraços, diques e reservatórios, para maximizar a utilização da água e assegurar uma irrigação eficiente das culturas.

Agroflorestação: A integração de árvores e arbustos nos sistemas agrícolas é uma prática comum na agricultura de subsistência. As árvores fornecem sombra, nutrientes, alimentos adicionais e melhoram a biodiversidade.

Criação de animais: A criação de animais domésticos, como galinhas, cabras e gado, está frequentemente associada à agricultura de subsistência. Os animais fornecem fontes de proteínas, leite, ovos e estrume para fertilizar o solo.

Pousio: Pousio significa deixar uma parcela de terra em repouso durante um período para permitir que a fertilidade do solo se regenere naturalmente. Esta técnica é frequentemente utilizada em rotação com as culturas.

O papel da agricultura de subsistência na segurança alimentar

A agricultura de subsistência desempenha um papel essencial na segurança alimentar das famílias rurais, fornecendo-lhes alimentos básicos e reduzindo a sua dependência dos mercados externos. Eis como a agricultura de subsistência contribui para a segurança alimentar:

Produção de alimentos de base: Os agricultores de subsistência produzem alimentos de base como cereais, legumes, fruta e leguminosas, que são a principal fonte de nutrição das suas famílias. A diversidade de culturas assegura uma dieta equilibrada.

Redução da dependência dos mercados: Ao produzir os seus próprios alimentos, as famílias de subsistência reduzem a sua dependência dos mercados locais para satisfazer as suas necessidades alimentares. Isto é particularmente importante em tempos de crise económica ou de flutuação dos preços dos alimentos.

Resiliência aos choques: A agricultura de subsistência oferece um certo grau de resiliência aos choques económicos e climáticos. As famílias que praticam a agricultura de subsistência podem enfrentar melhor as perturbações do mercado e as condições meteorológicas extremas, uma vez que têm acesso direto aos seus próprios recursos alimentares.

Utilização de recursos locais: A agricultura de subsistência baseia-se na utilização de recursos locais, tais como variedades de plantas tradicionais, fertilizantes orgânicos e técnicas de conservação da água. Isto ajuda a manter a sustentabilidade dos sistemas agrícolas e a preservar os ecossistemas locais.

Poupança de custos: ao produzirem os seus próprios alimentos, as famílias de subsistência poupam no custo da compra de alimentos. Isto é particularmente importante para as famílias com baixos rendimentos, que podem afetar os seus recursos limitados a outras necessidades essenciais.

Desafios da agricultura de subsistência

Apesar das suas muitas vantagens, a agricultura de subsistência também apresenta uma série de desafios que podem afetar a segurança alimentar das famílias rurais:

Acesso limitado aos recursos: Os agricultores de subsistência têm frequentemente um acesso limitado a recursos como a terra, a água, as sementes melhoradas e os factores de produção agrícola. Este facto pode reduzir a sua capacidade de produzir alimentos suficientes para satisfazer as suas necessidades.

Baixa produtividade: As técnicas tradicionais de agricultura de subsistência podem resultar numa baixa produtividade das culturas e dos animais. Os rendimentos limitados podem não ser suficientes para alimentar as famílias, especialmente em alturas de seca ou de quebra de colheitas.

Vulnerabilidade aos choques climáticos: Os agricultores de subsistência são particularmente vulneráveis aos choques climáticos, como secas, inundações e tempestades. Estes fenómenos podem destruir culturas e infra-estruturas, pondo em risco a segurança alimentar das famílias.

Acesso limitado aos mercados e aos serviços: Os agricultores de subsistência têm frequentemente um acesso limitado aos mercados para vender os excedentes de produção e comprar factores de produção agrícola. Podem também não dispor de serviços de apoio, como formação, crédito e infra-estruturas de transporte.

Conhecimentos e competências limitados: Os agricultores de subsistência podem ter conhecimentos e competências limitados em matéria de técnicas agrícolas modernas, gestão de recursos e práticas sustentáveis. Este facto pode afetar a sua capacidade de melhorar a produtividade e a resiliência dos seus sistemas agrícolas.

Saúde e nutrição: Embora a agricultura de subsistência forneça uma base alimentar, pode nem sempre satisfazer as necessidades nutricionais completas das famílias. As dietas podem carecer de diversidade e de nutrientes essenciais.

Soluções e oportunidades para a agricultura de subsistência

Para superar os desafios da agricultura de subsistência e melhorar a segurança alimentar das famílias rurais, é possível prever uma série de soluções e oportunidades:

Formação e educação: A oferta de formação e educação aos agricultores de subsistência sobre técnicas agrícolas modernas, práticas sustentáveis e gestão de recursos pode melhorar a sua produtividade e resiliência. Os programas de extensão agrícola e os serviços de aconselhamento podem desempenhar um papel crucial neste domínio.

Acesso a factores de produção e recursos: Facilitar o acesso dos agricultores de subsistência a factores de produção agrícola, como sementes melhoradas, fertilizantes e ferramentas, bem como a recursos naturais, como a água e a terra, pode melhorar a sua capacidade de produzir alimentos suficientes.

Desenvolvimento de mercados locais: A promoção do desenvolvimento de mercados locais e de infra-estruturas de transporte pode ajudar os agricultores de subsistência a vender os seus excedentes de produção e a aceder aos factores de produção necessários. As cooperativas agrícolas e as associações de produtores podem facilitar o acesso aos mercados.

Gestão dos riscos climáticos: A criação de sistemas de gestão dos riscos climáticos, tais como seguros de colheitas, sistemas de alerta precoce e técnicas de adaptação às alterações climáticas, pode ajudar os agricultores de subsistência a fazer face aos choques climáticos e a reduzir a sua vulnerabilidade.

Diversificação das culturas e das fontes de rendimento: Incentivar a diversificação das culturas e das fontes de rendimento pode melhorar a segurança alimentar e a resiliência económica das famílias de subsistência. As práticas agro-florestais, a criação de animais e as actividades fora da exploração podem contribuir para esta diversificação.

Reforço da segurança nutricional: A promoção da segurança nutricional através do incentivo à diversidade alimentar e à produção de culturas ricas em nutrientes pode melhorar a saúde e o bem-estar das famílias de subsistência. As hortas familiares e os programas de nutrição podem desempenhar um papel importante.

Acesso ao crédito e ao financiamento: Facilitar o acesso dos agricultores de subsistência ao crédito e ao financiamento pode permitir-lhes investir na melhoria das suas práticas agrícolas e infra-estruturas. Os programas de microcrédito e de financiamento adaptados às necessidades dos pequenos agricultores podem ser particularmente úteis.

Estudos de casos de sucesso

Para ilustrar o sucesso da agricultura de subsistência, vejamos alguns estudos de caso notáveis:

Programa de hortas familiares no Zimbabué: No Zimbabué, foi criado um programa de hortas familiares para ajudar as famílias de subsistência a melhorar a sua segurança alimentar e nutrição. As famílias recebem sementes, ferramentas e formação em técnicas de jardinagem. As hortas proporcionam uma fonte regular de legumes frescos e variados, melhorando a diversidade alimentar e a saúde das famílias.

Projeto agroflorestal no Quénia: No Quénia, foi lançado um projeto agroflorestal para ajudar os agricultores de subsistência a melhorar a produtividade das suas terras, preservando simultaneamente os recursos naturais. Os agricultores plantam árvores de fruto e árvores fixadoras de azoto entre as suas culturas alimentares. As árvores melhoram a fertilidade do solo, fornecem alimentos adicionais e aumentam os rendimentos dos agricultores.

Iniciativa de formação agrícola na Índia: Na Índia, foi criada uma iniciativa de formação agrícola para ensinar aos agricultores de subsistência técnicas modernas e sustentáveis. Os agricultores aprendem a utilizar fertilizantes orgânicos, a gerir a água de forma eficiente e a diversificar as suas culturas. A formação melhora o rendimento das culturas, reduz os custos de produção e reforça a segurança alimentar das famílias.

Estes exemplos mostram como iniciativas específicas podem melhorar a segurança alimentar, a produtividade e a resiliência dos agricultores de subsistência. Através da adoção de práticas agrícolas modernas e sustentáveis, da facilitação do acesso aos recursos e do reforço das capacidades dos agricultores, é possível transformar a agricultura de subsistência e garantir um futuro mais seguro e próspero para as famílias rurais.

Capítulo 26: Agricultura de conservação

A agricultura de conservação é uma abordagem sustentável da gestão das terras agrícolas que tem por objetivo conservar os recursos naturais, nomeadamente o solo e a água, mantendo ou melhorando a produtividade agrícola. Baseia-se num conjunto de práticas agrícolas concebidas para minimizar a perturbação do solo, proteger o coberto vegetal e melhorar a saúde do solo. Este capítulo explora os métodos de conservação do solo e dos recursos naturais na agricultura, bem como as técnicas associadas e os benefícios ecológicos.

Métodos de conservação do solo

A conservação do solo está no centro da agricultura de conservação. As seguintes práticas são essenciais para manter a fertilidade do solo, prevenir a erosão e melhorar a estrutura do solo:

Plantio direto e lavoura reduzida: O plantio direto, ou semeadura direta, e a lavoura reduzida são práticas que minimizam a perturbação do solo. Ao evitar ou reduzir a lavoura, a estrutura do solo é preservada, a matéria orgânica é protegida e a erosão é reduzida. Estas práticas também ajudam a manter a humidade do solo e incentivam a biodiversidade do solo.

Cobertura vegetal permanente : A manutenção de um coberto vegetal permanente, seja por culturas de cobertura, resíduos de culturas ou plantas perenes, protege o solo da erosão, reduz o escoamento da água e melhora a fertilidade do solo. As culturas de cobertura, como as leguminosas, fixam o azoto no solo e aumentam a matéria orgânica.

Rotação de culturas: A rotação de culturas é a prática de alternar tipos de culturas na mesma parcela de uma estação para a seguinte. Esta técnica reduz o esgotamento dos nutrientes, melhora a estrutura do solo e ajuda a controlar as pragas e as doenças. A diversidade das culturas também promove a biodiversidade.

Agro-silvicultura e sebes: A integração de árvores, arbustos e sebes nos sistemas agrícolas protege o solo da erosão, melhora a retenção de água e proporciona habitats para a vida selvagem. As raízes das árvores e dos arbustos estabilizam o solo, enquanto a sua folhagem reduz o impacto da precipitação no solo.

Terraços: Os terraços são estruturas escalonadas construídas em declives para abrandar o escoamento da água e reduzir a erosão. Também permitem que as áreas inclinadas sejam cultivadas, preservando a camada superficial do solo e melhorando a retenção de água.

Cobertura morta: A cobertura morta consiste em cobrir o solo com materiais orgânicos, como palha, aparas de madeira ou folhas mortas. A cobertura morta reduz a evaporação da água, suprime as ervas daninhas e acrescenta matéria orgânica ao solo à medida que se decompõe.

Métodos de conservação dos recursos naturais

Para além da conservação dos solos, a agricultura de conservação centra-se na gestão sustentável de outros recursos naturais, nomeadamente a água, os nutrientes e a biodiversidade:

Gestão eficiente da água: Uma gestão eficiente da água é crucial para a agricultura de conservação. Técnicas de irrigação eficientes, como a irrigação por gotejamento e por aspersão, reduzem o consumo de água e minimizam as perdas por evaporação e escoamento. A recolha de água da chuva e a construção de reservatórios e diques ajudam a armazenar água para períodos de seca.

Alterações orgânicas: A utilização de alterações orgânicas, como o composto e o estrume, melhora a fertilidade do solo, aumenta a matéria orgânica e reforça a capacidade do solo para reter água e nutrientes. Estes correctivos favorecem igualmente a atividade biológica do solo e a biodiversidade.

Gestão integrada de nutrientes: A gestão integrada de nutrientes combina a utilização de fertilizantes orgânicos e minerais para satisfazer as necessidades das culturas, minimizando as perdas de nutrientes por lixiviação e volatilização. As análises regulares do solo ajudam a determinar as necessidades específicas de nutrientes e a ajustar as aplicações em conformidade.

Biodiversidade funcional: A promoção da biodiversidade funcional, ou seja, a diversidade de espécies que prestam serviços ecossistémicos, é essencial na agricultura de conservação. Os predadores naturais, os polinizadores e os microrganismos do solo desempenham um papel fundamental na regulação das pragas, na polinização das culturas e na decomposição da matéria orgânica.

Zonas-tampão e faixas ribeirinhas: As zonas-tampão e as faixas ribeirinhas são áreas de vegetação natural ou plantada situadas ao longo de cursos de água e massas de água. Filtram os poluentes, reduzem o escoamento e a erosão e proporcionam habitats para a vida selvagem.

Técnicas de agricultura de conservação

As técnicas que se seguem são normalmente utilizadas na agricultura de conservação para atingir os objectivos de sustentabilidade e produtividade:

Sementeira direta e plantio direto : A sementeira direta consiste em semear as sementes diretamente nos resíduos das culturas sem arar o solo. Esta técnica reduz a perturbação do solo, preserva a sua estrutura e aumenta a matéria orgânica. O plantio direto é semelhante, mas também envolve o uso de cobertura vegetal para proteger o solo.

Culturas de cobertura: As culturas de cobertura, como as leguminosas, as gramíneas e as crucíferas, são semeadas entre as culturas principais para proteger o solo e melhorar a sua fertilidade. Fixam o azoto, acrescentam matéria orgânica e reduzem as ervas daninhas.

Rotação de culturas: A rotação de culturas implica a alternância de culturas na mesma parcela de terra. Reduz o risco de doenças e pragas, melhora a estrutura do solo e diversifica as fontes de rendimento dos agricultores.

Agrofloresta: A agrofloresta integra árvores e arbustos em sistemas agrícolas. As árvores fornecem sombra, nutrientes e melhoram a biodiversidade. Podem também fornecer produtos como frutos, madeira e nozes.

Gestão Integrada das Pragas (GIP): A GIP combina métodos biológicos, culturais e químicos para controlar as pragas de forma sustentável. São utilizados predadores naturais, culturas resistentes e técnicas de gestão do habitat para minimizar a utilização de pesticidas.

Alterações orgânicas: A aplicação de composto, estrume e outras matérias orgânicas melhora a estrutura do solo, aumenta a capacidade de retenção de água e fornece nutrientes essenciais para as culturas. Os aditivos orgânicos também estimulam a atividade biológica no solo.

Benefícios ecológicos da Agricultura de Conservação

A agricultura de conservação oferece muitos benefícios ecológicos que contribuem para a sustentabilidade dos sistemas agrícolas e para a proteção do ambiente:

Prevenção da erosão do solo: As práticas de conservação do solo, como o plantio direto e as culturas de cobertura, reduzem a erosão causada pelo vento e pela água. A preservação da camada superficial do solo melhora a produtividade a longo prazo e protege os recursos do solo.

Melhoria da qualidade do solo: a adição de matéria orgânica e a melhoria da estrutura do solo aumentam a fertilidade, a capacidade de retenção de água e a atividade biológica. Solos saudáveis apoiam culturas produtivas e resistentes.

Conservação da água: Técnicas de irrigação eficientes e práticas de gestão da água reduzem o consumo de água e aumentam a eficiência da utilização da água. Isto é particularmente importante em regiões propensas a secas.

Sequestro de carbono: A agricultura de conservação contribui para o sequestro de carbono através do aumento da matéria orgânica do solo e da integração de árvores e arbustos nos sistemas agrícolas. Isto ajuda a mitigar as alterações climáticas.

Promoção da Biodiversidade: As práticas de conservação promovem a biodiversidade através da criação de habitats para a vida selvagem, da redução da utilização de pesticidas e da integração de uma diversidade de culturas e plantas. A biodiversidade melhora a resistência dos ecossistemas agrícolas.

Redução da poluição: Ao reduzir a utilização de fertilizantes químicos e pesticidas, a agricultura de conservação minimiza a poluição do solo e da água. As zonas tampão e as faixas ribeirinhas filtram os poluentes e protegem os cursos de água.

Estudos de casos de sucesso

Para ilustrar os êxitos da agricultura de conservação, vejamos alguns casos de estudo notáveis:

Projeto de sementeira direta no Brasil: No Brasil, o projeto de sementeira direta foi criado para combater a erosão do solo e melhorar a produtividade agrícola. Ao adotar a sementeira direta e as culturas de cobertura, os agricultores conseguiram reduzir a erosão, aumentar a matéria orgânica do solo e melhorar o rendimento das culturas.

Programa de conservação do solo no Quénia: No Quénia, foi lançado um programa de conservação do solo para ajudar os agricultores a adotar práticas sustentáveis. Foram introduzidas técnicas de terraceamento, cobertura vegetal e rotação de culturas. Os resultados revelaram uma melhoria significativa da fertilidade do solo, uma redução da erosão e um aumento dos rendimentos agrícolas.

Iniciativa agroflorestal na Índia: Na Índia, foi criada uma iniciativa agroflorestal para integrar as árvores nos sistemas agrícolas. Os agricultores plantaram árvores de fruto e árvores fixadoras de azoto entre as suas culturas alimentares. As árvores melhoraram a fertilidade do solo, forneceram alimentos adicionais e aumentaram os rendimentos dos agricultores.

Programa de gestão da água na Austrália: Na Austrália, foi desenvolvido um programa de gestão da água para melhorar a eficiência da irrigação e conservar os recursos hídricos. Foram adoptadas técnicas de irrigação por gotejamento e de recolha de águas pluviais. Os agricultores conseguiram reduzir o seu consumo de água, mantendo ao mesmo tempo rendimentos elevados.

Estes exemplos mostram como iniciativas específicas e práticas sustentáveis podem melhorar a conservação dos solos e dos recursos naturais, aumentando simultaneamente a produtividade agrícola e protegendo o ambiente. Ao adoptarem a agricultura de conservação, os agricultores podem contribuir para um futuro agrícola mais resistente, produtivo e sustentável.

Capítulo 27: Agricultura em estufa

A agricultura em estufa é um método de produção agrícola que permite o cultivo de plantas num ambiente controlado. Esta técnica oferece vantagens significativas tanto para a produção intensiva como para o cultivo fora de época, permitindo aos agricultores aumentar os rendimentos, melhorar a qualidade dos produtos e reduzir os riscos associados a condições climatéricas adversas. Este capítulo explora as práticas e tecnologias da agricultura em estufa e os benefícios que oferece para a produção agrícola.

Práticas agrícolas em estufa

A agricultura em estufa utiliza uma variedade de práticas para criar um ambiente ótimo para o crescimento das plantas. Eis algumas das principais práticas:

Gestão do clima: Uma das principais vantagens das estufas é a capacidade de controlar o clima interior. Os agricultores podem regular a temperatura, a humidade, a ventilação e a luz para satisfazer as necessidades específicas das suas culturas. São utilizados sistemas de aquecimento, arrefecimento, sombreamento e desumidificação para manter as condições ideais.

Irrigação e fertilização: A irrigação em estufas é frequentemente efectuada através de sistemas de irrigação gota a gota ou de microaspersão, que permitem uma distribuição precisa e uniforme da água. A fertilização, uma técnica que combina irrigação e fertilização, é normalmente utilizada para fornecer nutrientes diretamente às raízes das plantas.

Proteção contra pragas e doenças: As estufas oferecem proteção física contra pragas e doenças. Redes, telas e portas herméticas impedem a entrada de insectos nocivos. São também utilizadas técnicas de gestão integrada de pragas, como a utilização de predadores naturais e produtos biológicos, para minimizar a utilização de pesticidas.

Cultivo sem solo: O cultivo sem solo, ou hidroponia, é um método comum de cultivo em estufa. As plantas são cultivadas em substratos inertes, como lã de rocha, perlite ou vermiculite, e recebem uma solução nutritiva diretamente nas suas raízes. Este método permite um controlo preciso dos nutrientes e uma utilização eficiente da água.

Automação e tecnologia: As estufas modernas estão frequentemente equipadas com tecnologias de automação e controlo. Os sensores, os sistemas de gestão do clima e o software de monitorização permitem aos produtores monitorizar as condições ambientais em tempo real e ajustar os parâmetros para otimizar o crescimento das plantas.

Tecnologias de cultivo em estufa

A agricultura em estufa beneficia de uma série de tecnologias avançadas que melhoram a eficiência e a produtividade. Eis algumas das principais tecnologias utilizadas:

Sistemas de controlo climático: Os sistemas automatizados de controlo climático regulam a temperatura, a humidade, a ventilação e a iluminação nas estufas. Estes sistemas utilizam sensores para monitorizar as condições ambientais e software para ajustar os parâmetros em tempo real.

Iluminação LED: A iluminação LED está a ser cada vez mais utilizada em estufas para fornecer luz adicional às plantas. Os LEDs são eficientes em termos energéticos, duráveis e podem ser ajustados para fornecer espectros de luz específicos que promovem a fotossíntese e o crescimento das plantas.

Sistemas de rega gota a gota: Os sistemas de rega gota a gota permitem uma distribuição precisa da água diretamente nas raízes das plantas. Estes sistemas reduzem o desperdício de água e melhoram a eficiência da rega. A fertirrigação também pode ser integrada nestes sistemas para fornecer nutrientes ao mesmo tempo que a água.

Hidroponia e aeroponia: Os sistemas de hidroponia e aeroponia são normalmente utilizados em estufas para o cultivo sem solo. Na hidroponia, as plantas são cultivadas numa solução nutritiva, enquanto na aeroponia as raízes das plantas são suspensas no ar e pulverizadas com uma solução nutritiva. Estes sistemas permitem um crescimento rápido e uma utilização eficiente dos recursos.

Sistemas de gestão de culturas: O software de gestão de culturas ajuda os agricultores a planear, monitorizar e otimizar as suas operações em estufas. Estes sistemas fornecem dados sobre o crescimento das plantas, as necessidades de nutrientes, as condições ambientais e o desempenho das culturas, permitindo uma tomada de decisões informada.

Sistemas de gestão de energia: As estufas modernas incorporam sistemas de gestão de energia para otimizar a utilização de energia e reduzir os custos. Painéis solares, sistemas eficientes de aquecimento e arrefecimento e tecnologias de armazenamento de energia são utilizados para melhorar a sustentabilidade energética das estufas.

Vantagens da agricultura em estufa

A agricultura em estufa oferece muitas vantagens para a produção agrícola, nomeadamente em termos de produção intensiva e fora de época:

Intensificação da produção: As estufas permitem a intensificação da produção agrícola, proporcionando condições de crescimento óptimas. Os agricultores podem cultivar plantas em densidades elevadas, maximizando a utilização do espaço e aumentando os rendimentos.

Cultivo fora de época: Uma das principais vantagens das estufas é a possibilidade de cultivar culturas fora de época. Ao controlar o clima interior, os agricultores podem produzir culturas durante todo o ano, independentemente das condições meteorológicas exteriores. Isto permite satisfazer a procura do mercado e gerar rendimentos estáveis durante todo o ano.

Melhoria da qualidade dos produtos: As condições controladas das estufas permitem a produção de plantas de alta qualidade com características uniformes. A fruta, os legumes e as flores cultivados em estufa são frequentemente mais saudáveis, mais atractivos e têm um prazo de validade mais longo.

Redução dos riscos climáticos: As estufas protegem as culturas de condições meteorológicas extremas, como tempestades, geadas, secas e inundações. Esta proteção reduz o risco de quebra de colheitas e melhora a segurança alimentar.

Eficiência de recursos: As estufas permitem uma utilização mais eficiente de recursos como a água, os nutrientes e a energia. Sistemas de irrigação precisos, tecnologias de fertirrigação e iluminação LED reduzem o desperdício e aumentam a eficiência.

Controlo de pragas e doenças : As estufas proporcionam proteção física contra pragas e doenças. As técnicas de gestão integrada das pragas, combinadas com práticas de gestão adequadas, reduzem a necessidade de pesticidas químicos e promovem métodos mais sustentáveis de proteção das culturas.

Inovação e investigação: As estufas proporcionam um ambiente ideal para a inovação e a investigação na agricultura. Os agricultores podem experimentar novas variedades de plantas, testar técnicas de cultivo avançadas e desenvolver práticas de gestão optimizadas para melhorar a produtividade e a sustentabilidade.

Estudos de casos de sucesso

Para ilustrar os êxitos da agricultura em estufa, vejamos alguns casos de estudo notáveis:

As estufas de Almeria em Espanha: A região de Almeria, em Espanha, é famosa pelas suas vastas estufas, que produzem uma grande parte dos produtos hortícolas consumidos na Europa. As estufas de Almeria utilizam tecnologias avançadas de controlo climático, irrigação e cultivo sem solo para produzir tomates, pimentos, pepinos e outros produtos hortícolas de alta qualidade. Estas estufas transformaram uma região árida num próspero centro de produção agrícola.

Estufas do Ontário no Canadá: No Ontário, as estufas são utilizadas para produzir legumes frescos, fruta e flores durante todo o ano. As estufas do Ontário utilizam sistemas de aquecimento eficientes, iluminação LED e tecnologias de gestão de culturas para otimizar a produção. Os agricultores beneficiam de rendimentos elevados, produtos de alta qualidade e rendimentos estáveis.

Estufas Vertical Harvest nos Estados Unidos: A Vertical Harvest é uma empresa sediada nos EUA que utiliza estufas verticais para produzir legumes frescos em ambientes urbanos. As estufas verticais maximizam a utilização do espaço através do cultivo de plantas em altura. Utilizam tecnologias hidropónicas e sistemas de controlo climático para produzir legumes durante todo o ano. A Vertical Harvest contribui para a segurança alimentar urbana e a sustentabilidade ambiental.

Estufas de Masdar City nos Emirados Árabes Unidos: Masdar City, uma cidade sustentável nos Emirados Árabes Unidos, utiliza estufas para produzir legumes frescos num ambiente desértico. As estufas de Masdar City utilizam tecnologias de arrefecimento passivo, sistemas de gestão da água e painéis solares para minimizar a pegada ecológica. Estas estufas mostram como a inovação pode ultrapassar desafios climáticos extremos e promover a sustentabilidade.

Conselhos práticos para uma agricultura de estufa bem sucedida

Para ter sucesso na agricultura em estufa, é essencial seguir certas boas práticas e concentrar-se em aspectos fundamentais. Eis alguns conselhos práticos:

Planeamento e conceção: O planeamento e a conceção adequados das estufas são cruciais para o seu sucesso. Escolha um local adequado, seleccione materiais de construção de qualidade e conceba sistemas eficazes de ventilação e de controlo do clima.

Gestão do clima: Monitorizar e ajustar regularmente os parâmetros climáticos, como a temperatura, a humidade e a luz, para criar condições de crescimento óptimas. Utilizar sistemas automatizados para facilitar a gestão do clima.

Seleção das culturas: Escolha culturas adequadas à produção em estufa e às suas condições climáticas específicas. As culturas de elevado valor acrescentado, como o tomate, o pimento, o pepino e as ervas aromáticas, são frequentemente rentáveis em estufa.

Gestão da irrigação e da fertilização: Utilizar sistemas de irrigação precisos e técnicas de fertirrigação para fornecer a água e os nutrientes de que as plantas necessitam. Monitorizar regularmente os níveis de nutrientes e ajustar as aplicações em conformidade.

Proteção das culturas: Aplicar estratégias de gestão integrada das pragas para proteger as culturas contra as pragas e as doenças. Utilizar redes, ecrãs e predadores naturais para minimizar a utilização de pesticidas químicos.

Monitorização e acompanhamento: Utilize sensores e software de gestão para monitorizar as condições ambientais, o crescimento das plantas e o desempenho das culturas em tempo real. Analise os dados para tomar decisões informadas e otimizar as operações.

Inovação e formação: Mantenha-se a par das últimas inovações e tecnologias na agricultura em estufa. Participe em cursos de formação, workshops e conferências para melhorar as suas competências e conhecimentos.

Ao adotar estas práticas e utilizar as tecnologias disponíveis, os agricultores podem maximizar os benefícios da agricultura de estufa, melhorar a produção e contribuir para a sustentabilidade da agricultura. A agricultura de estufa representa uma solução promissora para enfrentar os desafios alimentares globais e garantir um abastecimento alimentar estável e de elevada qualidade ao longo de todo o ano.

Capítulo 28: Tipos de agricultura

Existem muitos tipos diferentes de agricultura, cada um com as suas próprias técnicas, objectivos e vantagens. Compreender os diferentes tipos de agricultura é essencial para os agricultores que desejam maximizar a sua produção agrícola, processar os seus produtos de forma eficiente e otimizar os seus canais de venda. Este capítulo explora os diferentes tipos de agricultura, os métodos para maximizar as culturas agrícolas, as técnicas de transformação dos produtos agrícolas e os canais de venda disponíveis para os agricultores.

Tipos de agricultura

A agricultura pode ser classificada em vários tipos, consoante as técnicas utilizadas, a escala de produção e os objectivos económicos e ecológicos. Eis alguns dos principais tipos de agricultura:

Agricultura tradicional: A agricultura tradicional baseia-se em técnicas ancestrais transmitidas de geração em geração. Utiliza principalmente ferramentas manuais e métodos naturais de cultivo e criação. Esta forma de agricultura é frequentemente praticada nas zonas rurais dos países em desenvolvimento.

Agricultura intensiva: A agricultura intensiva utiliza técnicas modernas e factores de produção químicos para maximizar a produção em pequenas áreas. Baseia-se na utilização de maquinaria, fertilizantes, pesticidas e variedades de plantas de elevado rendimento. Este método é comum nos países industrializados e tem por objetivo aumentar os rendimentos para satisfazer a crescente procura de alimentos.

Agricultura biológica: A agricultura biológica evita a utilização de produtos químicos sintéticos e favorece os métodos naturais de gestão das culturas e dos solos. Utiliza fertilizantes orgânicos, rotação de culturas e técnicas de controlo biológico para manter os solos e os ecossistemas saudáveis.

Agricultura de precisão: A agricultura de precisão utiliza tecnologias avançadas, como o GPS, sensores e drones, para otimizar a gestão das culturas e dos recursos. Baseia-se na recolha e análise de dados para tomar decisões informadas e melhorar a eficiência das operações agrícolas.

Agroflorestação: A agroflorestação combina a agricultura e a silvicultura, integrando árvores e arbustos em sistemas de cultivo e de criação de gado. Esta abordagem promove a biodiversidade, melhora a fertilidade do solo e aumenta a resistência dos sistemas agrícolas.

Agricultura urbana: A agricultura urbana desenvolve-se em áreas urbanas e periurbanas, utilizando técnicas como jardins em telhados, estufas urbanas e sistemas hidropónicos. O seu objetivo é fornecer alimentos frescos e locais às comunidades urbanas.

Agricultura em estufa: A agricultura em estufa utiliza estruturas fechadas para criar ambientes controlados, permitindo o cultivo de plantas durante todo o ano e fora das estações habituais. As estufas proporcionam condições climáticas óptimas para o crescimento das plantas, aumentando o rendimento e a qualidade dos produtos.

Agricultura de subsistência: A agricultura de subsistência é praticada principalmente para o consumo pessoal dos agricultores e das suas famílias. Utiliza técnicas simples e recursos locais para produzir alimentos de base, garantindo a segurança alimentar das famílias rurais.

Agricultura de conservação: A agricultura de conservação centra-se na preservação dos recursos naturais, em especial do solo e da água. Utiliza práticas como o plantio direto, as culturas de cobertura e a rotação de culturas para melhorar a sustentabilidade dos sistemas agrícolas.

Como maximizar a sua colheita

A maximização da produção agrícola requer uma combinação de boas práticas agrícolas, uma gestão eficiente dos recursos e tecnologias avançadas. Eis algumas estratégias para maximizar a produção agrícola:

Seleção de variedades: É essencial escolher variedades de plantas adaptadas às condições locais e aos objectivos de produção. As variedades resistentes a doenças, pragas e condições climatéricas extremas podem melhorar o rendimento e a resistência das culturas.

Gestão do solo: A saúde do solo é crucial para a produção agrícola. A utilização de técnicas como a adição de matéria orgânica, a rotação de culturas e a utilização de fertilizantes orgânicos pode melhorar a fertilidade do solo e aumentar os rendimentos.

Irrigação eficiente: A irrigação é essencial para maximizar os rendimentos, especialmente nas regiões áridas. Os sistemas de irrigação por gotejamento e as técnicas de gestão da água podem melhorar a eficiência da irrigação e reduzir as perdas de água.

Controlo de pragas e doenças : A gestão integrada das pragas (IPM) combina métodos biológicos, culturais e químicos para controlar as pragas e as doenças de forma sustentável. A utilização de predadores naturais, de culturas resistentes e de práticas de gestão adequadas pode minimizar as perdas de culturas.

Tecnologias de precisão: A utilização de tecnologias de precisão, como sensores de solo, drones e sistemas de gestão de culturas, permite a recolha de dados exactos e a tomada de decisões informadas. Isto pode melhorar a eficiência das operações agrícolas e maximizar os rendimentos.

Diversificação das culturas: A diversificação das culturas pode reduzir o risco de fracasso das colheitas e melhorar a resiliência dos sistemas agrícolas. As rotações de culturas, as culturas intercalares e a agro-silvicultura são práticas que promovem a biodiversidade e a sustentabilidade.

Transformação de produtos agrícolas

A transformação de produtos agrícolas acrescenta valor às matérias-primas, melhora o seu prazo de validade e abre novos mercados. Eis algumas técnicas de transformação comuns:

Transformação de alimentos: A transformação de alimentos envolve a conversão de matérias-primas agrícolas em produtos alimentares prontos a consumir. Isto inclui processos como a moagem de cereais, o fabrico de produtos lácteos, a conservação de frutas e legumes e a transformação de carne e peixe. A transformação de alimentos melhora o valor nutricional dos produtos e reduz as perdas pós-colheita.

Produção de óleos e gorduras: As sementes oleaginosas, como a soja, o girassol e a colza, podem ser transformadas em óleos vegetais. Os óleos podem ser utilizados na culinária, no fabrico de produtos alimentares e nas indústrias cosmética e farmacêutica. A produção de óleos e gorduras é uma atividade lucrativa que acrescenta valor às matérias-primas.

Conversão em biocombustíveis: As matérias-primas agrícolas podem ser transformadas em biocombustíveis, como o biodiesel e o etanol. Estes biocombustíveis são alternativas renováveis aos combustíveis fósseis e podem ajudar a reduzir as emissões de gases com efeito de estufa. A produção de biocombustíveis pode diversificar as fontes de rendimento dos agricultores.

Transformação em produtos cosméticos e farmacêuticos: Muitas plantas têm propriedades medicinais e cosméticas. As matérias-primas agrícolas podem ser transformadas em produtos farmacêuticos, como extractos de plantas medicinais, e em produtos cosméticos, como cremes, loções e óleos essenciais. A transformação em produtos cosméticos e farmacêuticos é uma atividade de elevado valor acrescentado.

Transformação em alimentos para animais: Os resíduos de culturas e os subprodutos agrícolas podem ser transformados em alimentos para animais. Isto acrescenta valor aos subprodutos e constitui uma fonte de nutrição para o gado, contribuindo para a sustentabilidade dos sistemas agrícolas.

Transformação em produtos artesanais: As matérias-primas agrícolas podem ser transformadas em produtos artesanais, como têxteis, objectos de madeira e cestaria. A transformação em artesanato permite a exploração dos recursos locais e a preservação das competências tradicionais.

Canais de venda

Os canais de venda desempenham um papel crucial na comercialização dos produtos agrícolas. Eis alguns dos canais de venda mais comuns para os agricultores:

Mercados locais: Os mercados locais são pontos de venda direta onde os agricultores podem vender os seus produtos diretamente aos consumidores. Os mercados locais oferecem oportunidades de venda sem intermediários, permitindo que os agricultores recebam uma parte maior do rendimento. Incentivam também a interação entre produtores e consumidores.

Cooperativas e Associações de Produtores: As cooperativas e associações de produtores reúnem os agricultores para comercializarem os seus produtos coletivamente. Estas organizações permitem reunir recursos, negociar melhores preços e aceder a mercados mais vastos. Oferecem também serviços de formação, crédito e apoio técnico.

Supermercados e hipermercados: Os supermercados e hipermercados são importantes canais de venda de produtos agrícolas. Os agricultores podem estabelecer parcerias com estes retalhistas para fornecer produtos frescos e transformados. Os supermercados oferecem uma ampla exposição aos consumidores e elevados volumes de vendas.

Vendas em linha: As vendas em linha são um canal de vendas em rápido crescimento para os produtos agrícolas. As plataformas de comércio eletrónico permitem aos agricultores vender os seus produtos diretamente aos consumidores através da Internet. As vendas em linha oferecem um alcance geográfico alargado e a oportunidade de comercializar produtos de nicho.

Contratos de fornecimento: Os contratos de fornecimento são acordos entre agricultores e transformadores, retalhistas ou exportadores para o fornecimento regular de produtos agrícolas. Estes contratos oferecem segurança de rendimento aos agricultores e garantem um fornecimento constante aos compradores.

Circuitos curtos e grupos de compra: Os circuitos curtos, como os cabazes de legumes e os grupos de compra comunitários, permitem aos agricultores vender os seus produtos diretamente aos consumidores locais. Estas iniciativas incentivam o consumo de produtos locais, reduzem o número de intermediários e reforçam os laços entre produtores e consumidores.

Exportação: A exportação é um canal de venda de produtos agrícolas destinados aos mercados internacionais. Os agricultores podem exportar produtos frescos, transformados ou artesanais para países estrangeiros. A exportação oferece oportunidades de crescimento e diversificação de rendimentos, mas exige o cumprimento de normas internacionais de qualidade e segurança alimentar.

Estratégias para otimizar os canais de venda

Para maximizar o rendimento e chegar a um vasto leque de consumidores, os agricultores podem adotar as seguintes estratégias

Diversificação dos canais de venda: A diversificação dos canais de venda ajuda a reduzir os riscos e a atingir diferentes segmentos de mercado. Os agricultores podem combinar a venda direta, as cooperativas, os supermercados e as vendas em linha para maximizar os seus rendimentos.

Melhorar a qualidade e a rastreabilidade: Fornecer produtos de alta qualidade e garantir a rastreabilidade dos produtos são factores-chave para ganhar a confiança dos consumidores e dos compradores. Os agricultores têm de adotar práticas de gestão e certificação da qualidade para responder às expectativas do mercado.

Marketing e promoção: Investir em estratégias de marketing e promoção ajuda a aumentar a visibilidade dos produtos e a atrair consumidores. Os agricultores podem utilizar ferramentas de marketing digital, campanhas publicitárias e eventos promocionais para promover os seus produtos.

Inovação e diferenciação: Inovar e diferenciar os produtos ajuda-os a destacarem-se no mercado. Os agricultores podem desenvolver produtos de nicho, variedades únicas ou produtos transformados para responder às tendências e preferências dos consumidores.

Formação e desenvolvimento de competências: A formação contínua e o desenvolvimento de competências são essenciais para o êxito da comercialização dos produtos agrícolas. Os agricultores precisam de se manter a par da evolução do mercado, das tecnologias e das práticas de gestão para melhorarem o seu desempenho.

Colaboração e parcerias: A colaboração com outros agricultores, empresas, instituições de investigação e organizações de apoio pode reforçar a capacidade de comercialização. As parcerias permitem reunir recursos, partilhar conhecimentos e desenvolver soluções inovadoras.

Ao adotar estas estratégias e explorar os diferentes canais de venda disponíveis, os agricultores podem maximizar o valor dos seus produtos, chegar a um vasto leque de consumidores e melhorar a sua rentabilidade.

A agricultura moderna oferece muitas oportunidades para inovar, diversificar e otimizar as operações agrícolas, contribuindo assim para a segurança alimentar e a sustentabilidade dos sistemas agrícolas.

Capítulo 29: Conclusão

A agricultura é um sector vital para a segurança alimentar, o desenvolvimento económico e a sustentabilidade ambiental. Ao longo deste guia, explorámos uma variedade de práticas agrícolas, técnicas de transformação de produtos e estratégias de marketing. Esta conclusão resume os principais pontos discutidos e oferece algumas reflexões sobre o futuro da transformação agrícola e os tipos de agricultura para uma produção sustentável e rentável.

Resumo dos principais pontos debatidos

Diversidade de tipos de agricultura: Analisámos diferentes tipos de agricultura, cada um com as suas próprias técnicas, vantagens e desafios. A agricultura tradicional baseia-se em métodos antigos, enquanto a agricultura intensiva utiliza tecnologias modernas para maximizar os rendimentos. A agricultura biológica evita os produtos químicos sintéticos, a agricultura de precisão utiliza tecnologias avançadas para otimizar a gestão das culturas e a agrossilvicultura integra árvores nos sistemas agrícolas para melhorar a biodiversidade e a fertilidade dos solos. A agricultura urbana e a agricultura em estufa oferecem soluções para a produção urbana e fora de época, enquanto a agricultura de subsistência e de conservação se centram na segurança alimentar e na sustentabilidade dos recursos naturais.

Maximização da produção vegetal: A maximização da produção vegetal exige uma combinação de boas práticas agrícolas, uma gestão eficiente dos recursos e tecnologias avançadas. A seleção de variedades adaptadas, a gestão dos solos, a irrigação eficiente, o controlo de pragas e doenças e a utilização de tecnologias de precisão são estratégias fundamentais para melhorar o rendimento e a resiliência das culturas.

Transformação de produtos agrícolas: A transformação de produtos agrícolas valoriza as matérias-primas, melhora o seu prazo de validade e abre novos mercados. As técnicas de transformação de alimentos, a produção de óleos e gorduras, os biocombustíveis, os cosméticos e produtos farmacêuticos, os alimentos para animais e o artesanato são formas de diversificar as fontes de rendimento e melhorar a rentabilidade das explorações agrícolas.

Canais de venda : Os canais de venda desempenham um papel crucial na comercialização dos produtos agrícolas. Os mercados locais, as cooperativas, os supermercados, as vendas em linha, os contratos de fornecimento, os canais de distribuição curtos e as exportações oferecem uma variedade de oportunidades aos agricultores para venderem os seus produtos. Diversificar os canais de venda, melhorar a qualidade e a rastreabilidade, investir em marketing e inovação e colaborar com outros intervenientes no sector são estratégias fundamentais para maximizar os rendimentos.

Reflexões sobre o futuro da transformação agrícola e os tipos de agricultura

O futuro da agricultura depende da capacidade dos agricultores para inovar, adotar práticas sustentáveis e responder a desafios globais como as alterações climáticas, o crescimento demográfico e a segurança alimentar. Eis algumas reflexões sobre o futuro da transformação agrícola e os tipos de agricultura que permitirão uma produção sustentável e rentável:

Adoção de tecnologias avançadas: As tecnologias avançadas, como a agricultura de precisão, a automatização, os sensores e os drones, continuarão a desempenhar um papel central na melhoria da eficiência e da produtividade das explorações agrícolas. A adoção destas tecnologias permitirá aos agricultores tomar decisões com base em dados precisos, otimizar a utilização dos recursos e reduzir o impacto ambiental.

Práticas agrícolas sustentáveis: A sustentabilidade será uma prioridade para o futuro da agricultura. As práticas agrícolas sustentáveis, como a agricultura biológica, a agro-silvicultura, a agricultura de conservação e a agricultura regenerativa, serão essenciais para preservar os recursos naturais, melhorar a saúde dos solos e promover a biodiversidade. As políticas de apoio e os incentivos económicos encorajarão a adoção destas práticas.

Transformação de alimentos e segurança nutricional: A transformação de alimentos desempenhará um papel crucial na melhoria da segurança nutricional e na redução das perdas pós-colheita. As inovações nas técnicas de transformação, a conservação dos alimentos e a produção de produtos de elevado valor acrescentado ajudarão a satisfazer a procura crescente de alimentos saudáveis e nutritivos.

Comercialização e acesso aos mercados: O acesso aos mercados será essencial para a rendibilidade das explorações agrícolas. Os agricultores terão de diversificar os seus canais de venda, melhorar a qualidade e a rastreabilidade dos seus produtos e investir em estratégias de marketing e promoção. As plataformas de comércio eletrónico e as iniciativas de circuito curto oferecerão oportunidades para chegar a um vasto leque de consumidores.

Resiliência e adaptação às alterações climáticas: A agricultura terá de se adaptar aos impactos das alterações climáticas, tais como variações de temperatura, precipitação irregular e fenómenos meteorológicos extremos. As práticas agrícolas resilientes, as variedades de plantas resistentes e os sistemas de gestão dos riscos climáticos serão essenciais para manter a produção agrícola e garantir a segurança alimentar.

Colaboração e parcerias: A colaboração entre agricultores, investigadores, instituições de apoio e empresas será crucial para o desenvolvimento de soluções inovadoras e sustentáveis. As parcerias público-privadas, as iniciativas de investigação em colaboração e as redes de partilha de conhecimentos promoverão a adoção de práticas agrícolas avançadas e a resiliência do sector agrícola.

Investimento e políticas de apoio: O investimento em infra-estruturas agrícolas, investigação e desenvolvimento, bem como em programas de formação e apoio, será essencial para o futuro da agricultura. As políticas de apoio, tais como subsídios, incentivos fiscais e programas de financiamento, encorajarão a inovação e a adoção de práticas sustentáveis.

Estudos de casos e exemplos inspiradores

Para ilustrar estas ideias, vejamos alguns estudos de caso e exemplos inspiradores:

Quintas verticais na Ásia: Na Ásia, as quintas verticais tornaram-se uma solução inovadora para a produção urbana de alimentos. Utilizando tecnologias hidropónicas e sistemas avançados de controlo climático, estas quintas produzem legumes frescos durante todo o ano, reduzindo a dependência das importações de alimentos e melhorando a segurança alimentar urbana.

A Iniciativa de Regeneração dos Solos em África: Em África, foi lançada uma iniciativa de regeneração dos solos para recuperar terras degradadas e melhorar a produtividade agrícola. Os agricultores estão a adotar práticas como a agrossilvicultura, a sementeira direta e a utilização de composto para enriquecer o solo e aumentar os rendimentos. Esta iniciativa contribui para a segurança alimentar e a resiliência das comunidades rurais.

Programa de biocombustíveis do Brasil: O Brasil é líder mundial na produção de biocombustíveis a partir da cana-de-açúcar e da soja. O programa de biocombustíveis do Brasil diversificou as fontes de rendimento dos agricultores, reduziu a dependência dos combustíveis fósseis e ajudou a reduzir as emissões de gases com efeito de estufa. Este programa mostra como a transformação de produtos agrícolas pode apoiar objectivos de desenvolvimento sustentável.

Cooperativas agrícolas na Europa: Na Europa, as cooperativas agrícolas desempenham um papel crucial na comercialização dos produtos agrícolas. Estas cooperativas reúnem os agricultores para reunir recursos, negociar melhores preços e aceder a mercados mais vastos. Oferecem também serviços de formação, crédito e apoio técnico, reforçando a capacidade de inovação e desenvolvimento dos agricultores.

Programas de segurança alimentar na Índia: Na Índia, foram criados programas de segurança alimentar para melhorar a nutrição e a resistência das famílias rurais. Estes programas incluem iniciativas de hortas familiares, diversificação de culturas e transformação de alimentos. O seu objetivo é reduzir a subnutrição, aumentar os rendimentos dos agricultores e promover práticas agrícolas sustentáveis.

Estes exemplos mostram como a inovação, a colaboração e as práticas sustentáveis podem transformar a agricultura e responder aos desafios globais. Ao adoptarem estratégias avançadas e explorarem as oportunidades disponíveis, os agricultores podem contribuir para um futuro agrícola mais resistente, produtivo e sustentável.

Conclusão final

A agricultura é um sector em constante evolução, que enfrenta desafios complexos e oportunidades promissoras. Ao compreenderem os diferentes tipos de agricultura, adoptarem práticas sustentáveis, explorarem tecnologias avançadas e optimizarem os canais de venda, os agricultores podem maximizar a produção, melhorar a rentabilidade e contribuir para a segurança alimentar global. Este guia prático de agricultura tem como objetivo fornecer conselhos, estratégias e exemplos inspiradores para ajudar os agricultores a navegar nesta paisagem em constante mudança e a ter sucesso nos seus esforços para uma agricultura sustentável e rentável.

Capítulo 29: Conclusão

Ao longo dos capítulos deste guia prático de agricultura, explorámos uma vasta gama de métodos, tecnologias e estratégias concebidos para maximizar a produção agrícola, transformar os produtos de forma inovadora e otimizar os canais de venda. A diversidade de práticas agrícolas aqui apresentadas, desde a agricultura tradicional à agricultura de precisão, à agricultura biológica e à agricultura em estufa, sublinha a importância da adaptabilidade e da inovação para responder aos desafios contemporâneos que o sector agrícola enfrenta.

O futuro da agricultura reside na capacidade dos agricultores para inovar, adotar práticas sustentáveis e responder a desafios globais como as alterações climáticas, o crescimento demográfico e a segurança alimentar. A agricultura de precisão, com as suas tecnologias avançadas, como sensores, drones e sistemas de gestão de culturas, representa uma forma promissora de otimizar a utilização dos recursos e melhorar a produtividade. A adoção destas tecnologias permitirá aos agricultores tomar decisões com base em dados precisos, otimizar a utilização dos recursos e reduzir o impacto ambiental.

Ao mesmo tempo, as práticas agrícolas sustentáveis tornar-se-ão cada vez mais essenciais. A agricultura biológica, a agro-silvicultura, a agricultura de conservação e a agricultura regenerativa não só são alternativas viáveis, como são necessárias para preservar os recursos naturais, melhorar a saúde dos solos e promover a biodiversidade. As políticas de apoio e os incentivos económicos desempenharão um papel crucial na promoção da adoção destas práticas. A transformação dos produtos agrícolas acrescenta valor às matérias-primas, prolonga o seu prazo de validade e abre novos mercados. As técnicas de transformação dos produtos alimentares, a produção de óleos e gorduras, os biocombustíveis, os cosméticos e os produtos farmacêuticos, bem como a alimentação animal, são formas de diversificar as fontes de rendimento e melhorar a rentabilidade das explorações agrícolas.

O acesso aos mercados é outro aspeto crucial da rentabilidade das explorações agrícolas. Os mercados locais, as cooperativas, os supermercados, as vendas em linha, os contratos de fornecimento, os canais de distribuição curtos e a exportação oferecem uma variedade de oportunidades aos agricultores para venderem os seus produtos. Diversificar os canais de venda, melhorar a qualidade e a rastreabilidade, investir em marketing e inovação e colaborar com outros intervenientes no sector são estratégias fundamentais para maximizar o rendimento. Neste contexto, a resiliência e a adaptação às alterações climáticas devem estar no centro das preocupações agrícolas. As práticas agrícolas resilientes, as variedades de plantas resistentes e os sistemas de gestão dos riscos climáticos serão essenciais para manter a produção agrícola e garantir a segurança alimentar. Os agricultores terão de se adaptar aos impactos das alterações climáticas, como as variações de temperatura, a irregularidade da precipitação e os fenómenos meteorológicos extremos.

A colaboração entre agricultores, investigadores, instituições de apoio e empresas será crucial para o desenvolvimento de soluções inovadoras e sustentáveis. As parcerias público-privadas, as iniciativas de investigação em colaboração e as redes de partilha de conhecimentos promoverão a adoção de práticas agrícolas avançadas e a resiliência do sector agrícola. Por último, o investimento em infra-estruturas agrícolas, na investigação e desenvolvimento e em programas de formação e apoio será essencial para o futuro da agricultura. As políticas de apoio, tais como subsídios, incentivos fiscais e programas de financiamento, incentivarão a inovação e a adoção de práticas sustentáveis.

As explorações agrícolas verticais na Ásia, as iniciativas de regeneração dos solos em África, o programa de biocombustíveis no Brasil, as cooperativas agrícolas na Europa e os programas de segurança alimentar na Índia são exemplos inspiradores do que a inovação e a colaboração podem alcançar. Estes exemplos mostram como as práticas sustentáveis, as tecnologias avançadas e as estratégias de comercialização eficazes podem transformar a agricultura, melhorar a segurança alimentar e promover a sustentabilidade.

Em conclusão, a agricultura é um sector em constante evolução, que enfrenta desafios complexos e oportunidades promissoras. Ao compreenderem os diferentes tipos de agricultura, adoptarem práticas sustentáveis, explorarem tecnologias avançadas e optimizarem os canais de venda, os agricultores podem maximizar a produção, melhorar a rentabilidade e contribuir para a segurança alimentar global. Este guia prático de agricultura tem como objetivo fornecer conselhos, estratégias e exemplos inspiradores para ajudar os agricultores a navegar nesta paisagem em constante mudança e a ter sucesso nos seus esforços para uma agricultura sustentável e rentável.

Referências

A- Tecnologia de Processamento **de Alimentos**: Princípios e Prática por P.J. Fellows

Este livro aborda os princípios básicos e as técnicas de processamento de alimentos, incluindo produtos lácteos, cereais e muito mais. "Ciência e Tecnologia dos Lacticínios, de P. Walstra

Um recurso aprofundado sobre métodos e tecnologias de processamento de lacticínios.
"Handbook of Cereal Science and Technology", de Karel Kulp e Joseph G. Ponte Jr.

Um guia completo para o processamento de cereais. "Sugarcane: Agricultural Production, Bioenergy, and Ethanol", de Fernando Santos e Luiz Fernando Cortez

Este livro aborda o processamento de culturas de açúcar e o impacto económico. "Especiarias, Ervas e Fungos Comestíveis" de G. Charalambous

Técnicas de processamento de especiarias e ervas aromáticas. "Edible Oils and Fats: Developments Since 1986" de R.J. Hamilton

Um guia para o processamento de sementes oleaginosas.
"Beer: Tap into the Art and Science of Brewing" de Charles Bamforth

Uma introdução pormenorizada ao fabrico de cerveja. "Understanding Wine Technology" de David Bird

Um guia para a produção de vinho.

B- Transformação em produtos químicos
"Biomass to Biofuels: Strategies for Global Industries" de Alain A. Vertes et al.

O processo de produção de biocombustíveis a partir de materiais agrícolas.
"Cosmetic Science and Technology: Theoretical Principles and Applications", de Kazutami Sakamoto et al.

Transformação de materiais agrícolas em produtos cosméticos.

"Pharmaceutical Biotechnology: Fundamentals and Applications", de Daan J.A. Crommelin et al.

Transformação de produtos agrícolas em ingredientes farmacêuticos. "Biofuels: Securing the Planet's Future Energy Needs", de Adrian Dumitru-Tanase

Produção de biodiesel e bioetanol. "Starch: Chemistry and Technology", de James BeMiller e Roy L. Whistler

Métodos de transformação do amido. "Enzyme Technology", de Martin F. Chaplin e Christopher Bucke

Utilização de enzimas para transformação química. "Biopolymers: Biology, Chemistry, Biotechnology, Applications" de Alexander Steinbüchel

Processo de polimerização de materiais agrícolas. "The Biodiesel Handbook", de Gerhard Knothe et al.

Técnicas de transesterificação para a produção de biodiesel. "Green Chemistry: Theory and Practice", de Paul T. Anastas e John C. Warner

Princípios da química verde aplicados à agricultura. "Natural Fibers, Biopolymers, and Biocomposites", de Amar K. Mohanty et al.

Produção de fibras naturais a partir de materiais agrícolas.

C- Os diferentes tipos de agricultura
"Agricultura tradicional: um exame crítico" de P.A. McAnany e B.L. Turner II

Métodos agrícolas tradicionais. "Agricultura Intensiva e Sustentabilidade: Uma Análise dos Sistemas Agrícolas" de Glen C. Filson e B. Adekunle

Práticas e impactos da agricultura intensiva. "The Organic Farming Manual", de Ann Larkin Hansen

Técnicas e princípios da agricultura biológica.

"Urban Agriculture: Ideas and Designs for the New Food Revolution", de David Tracey

Desenvolvimento da agricultura urbana. "Agroforestry for Sustainable Agriculture", de Miguel A. Altieri et al.

Benefícios da agro-silvicultura. "Precision Agriculture Technology for Crop Farming", de Qin Zhang

Utilização de tecnologias avançadas na agricultura.
"Subsistence Agriculture and Economic Development", de Clifton R. Wharton Jr.

Práticas agrícolas de subsistência.
"Conservation Agriculture: Global Prospects and Challenges", de Muhammad Farooq et al.

Métodos de conservação do solo e dos recursos naturais.
"Greenhouse Gardening: Step by Step to Growing Success" de Alan Titchmarsh

Índice

Printed by Books on Demand GmbH, Norderstedt / Germany